課題解決とサービス実装のための

AIプロジェクト実践読本

株式会社オプティム［監修］
山本 大祐［著］

第4次産業革命時代の
ビジネスと開発の進め方

本書のサポートサイト

本書の補足情報、訂正情報などを掲載します。適宜ご参照ください。
https://book.mynavi.jp/supportsite/detail/9784839968045.html

- 本書は2019年3月段階での情報に基づいて執筆されています。
- 本書に登場する製品やソフトウェア、サービスのバージョン、画面、機能、URL、製品のスペックなどの情報は、すべて原稿執筆時点でのものです。執筆以降に変更されている可能性があります。
- 本書に記載された内容は、情報の提供のみを目的としております。したがって、本書を用いての運用はすべてお客さま自身の責任と判断において行ってください。
- 本書の制作にあたっては正確な記述につとめましたが、著者や監修者、出版社のいずれも、本書の内容に関して何らかの保証をするものではなく、内容に関するいかなる運用結果についても一切の責任を負いません。あらかじめ、ご了承ください。
- 本書中の会社名や商品名は、該当する各社の商標または登録商標です。また、本書中では™および®マークは省略しています。

はじめに

　筆者は、学生時代からプログラミング言語・統合開発環境そのものを開発する、とても充実した開発者人生を送ってきました。その体験から、いわゆる一般的なソフトウェア工学の基礎を習得しました。コンピュータが登場した当初、それを使いこなせる、すなわちアセンブラを理解してプログラミングすることができるのはごく一部の限られた人間でした。その裾野を広げたのが、FORTRAN や BASIC などの構造化プログラム手法であり、C++ や Java などのオブジェクト指向型プログラム手法です。さらには、プログラムに触れることなく、基本ソフト（OS）上に整備されたアプリケーションが身近な存在となり、PC・インターネット・クラウド・スマートフォンの浸透を経て、我々の生活インフラの一部になりつつあるテクノロジーの総称が「IT」だといえるでしょう。

　筆者がコンピュータに触れたのは 1990 年代のことでした。初めて手にしたパソコンが Windows 95 だったことを覚えています。それから約四半世紀が経ちました。専門家だけではなく、コンピュータが一般社会に受け入れられるまでに起きた「パソコンの普及」「ブラウザ戦争」「仮想化技術の一般化」「クラウドコンピューティングの広がり」「スマートフォンの普及」を肌身で感じた世代です。

　AI がたどるこれからの未来も、この歴史と同じように、いくつかのパラダイムシフトが繰り返されると感じています。しかし、AI サービスの開発は、これまでのソフトウェア開発とはまったく違います。本書がフォーカスするのは、AI サービスの開発にはどのようなアプローチが必要であり、どのように向き合うのが成功の近道であるかということです。対象とする読者は、次に当てはまる皆さんです。

- AI プロジェクトを立ち上げ・進行するマネージャー・ディレクター
- ディープラーニング（深層学習）・マシンラーニング（機械学習）を仕事に使いたい・使うことになったエンジニア
- AI を自社に導入したい・自社サービスに取り入れたい経営者
- AI プロジェクトの契約書類を作成する法務担当・営業担当

　本書では、AI を実際のビジネスに導入する際に必要になる知識を、ビジネスレイヤーとエンジニアリングレイヤーに分けて網羅的にまとめました。本来であれば、それぞれで書籍化されてもおかしくはない「AI の基礎」「開発プロセス」「契約」「知

財」「見積り」「コーディング」「サービス化」「運用」「チームビルディング」といった観点を、あえて1つにまとめ上げています。筆者が知る限り、今のところ、ここまでの「垂直統合型」の書籍は見当たりません。本書は、筆者が所属するオプティムが、これまで世に送り出してきたサービスが具体的な参考事例として登場する点も特徴的でしょう。そのうちのいくつかは、筆者自らが製品開発・ビジネスデベロップメントに直接関与した、我が子同然のサービスです。

　オプティムが、画像分析の課題解決を目的として、AI・画像解析チームを社内に発足させたのは2016年1月のことでした。その6カ月後に、ディープラーニングを活用した事例として公表したのは「ドローン空撮後に画像解析AIを用いて病害虫が発生している場所を特定し、ドローンを用いてピンポイントで農薬を散布することで、不必要なところへの農薬散布をせず、農作物を育てることができる」という技術です。この仕組みは、今では「ピンポイント農薬散布テクノロジー」という名称で日本全国の圃場に広がっています。ソフトウェアの力を使って農家の手間を軽減しつつも生産物のクオリティを向上させる、まさに農業における第4次産業革命と呼んでふさわしい象徴的なソリューション・ビジネスモデルだと考えています。これに続き、建設・医療・小売・鉄道といった分野で活用されるオプティムのAIサービスについて、本書の至るところで具体的事例として紹介していきます。これからAIサービス立上げに関わる皆さんにとって、必見の情報になると思います。公平な視点となるように心掛けたつもりですが、客観性に欠けた記述があるかもしれません。それは、製品やサービスを誇張しようとしているわけではなく、筆者の力不足であることをお断りしておきます。

　ちょうど3年前、オプティムは、AI・IoTプラットフォームである「OPTiM Cloud IoT OS」を発表しました。以来、筆者のオプティムにおける主な役割は、そのプラットフォームが目指す未来をイメージしながら、AI・IoTなどの新たなテクノロジーを実際の製品・ビジネスに置き換えていくことです。業界を枠を越えて多くの皆さんと新しいチャレンジをご一緒させていただく機会が増えました。それと同時に、多くのイベントに講師・スピーカーとしてお招きいただけるようになりました。30分、1時間という登壇枠では到底説明しきれないノウハウ・思いを、本書に託そうと思います。皆さんの参考になれば幸いです。

2019年3月

山本　大祐

推薦の言葉

　2018 年までの実証実験中心の AI アルゴリズム開発は減少し、2019 年からはディープラーニングの社会実装が進むでしょう。社会実装のためには、技術とビジネスを橋渡しするビジネスモデルとサービス化が必須です。その両面を筆者の豊富な AI サービス開発経験をもとにまとめた本書は、ディープラーニングの社会実装を推進する人の必読書といえるでしょう。
　　　　　日本マイクロソフト株式会社 深層学習事業開発マネージャー 廣野 淳平

　本書は、AI の提案、コンサルティングからサービス実装までを手掛ける筆者による AI のビジネス実践に向けた必読書です。AI をビジネスに活用したい、もしくは AI によって課題解決に取り組みたいビジネスパーソンにお勧めいたします。
　　　　　NVIDIA インダストリー事業部長 齋藤 弘樹

　コマツが現在注力しているのは、現場に関わるすべてのものを ICT で有機的につなぎ、建機稼働・施工進捗を AI が管理するという、建設生産プロセス全体が最適化された「未来の現場」を創造していくことです。2025 年には技能労働者の 4 割が離職すると予測され、労働力不足と人材確保の難しさを併せ持つ建設業界の実情を打開するヒントが、本書には隠されています。
株式会社小松製作所 執行役員 スマートコンストラクション推進本部長 四家 千佳史

　Society 5.0 の実現に向けて、医療現場においてもスマートホスピタル構想がさまざまな施設で動きはじめています。「IoT・AI 技術を組み合わせ、医療現場の課題に対して、効率的かつ効果的な医療を実施する」熱意がその原動力となっていますが、社会実装のためには ICT 技術と医療現場のニーズを連携する橋渡し役が必要です。本書は、スマートホスピタルを推進する人にぜひお勧めしたい 1 冊です。
　　　　　国立大学法人佐賀大学 メディカル・イノベーション研究所 所長 末岡 榮三朗

　当社が運営するオンラインストア (monotaro.com) における「事業者向け間接資材のシームレスな供給ネットワークの構築」という大きな目的に向けてのワンステップとして、物流におけるラストワンマイルの充実、オムニチャネル化は、直近推し進めたい課題であり、それを実現するためには AI の活用が欠かせません。本書は、小売業界を次のフェーズに発展させるための道標になることでしょう。
　　　　　株式会社 MonotaRO 代表執行役社長 鈴木 雅哉

目次

はじめに …………………………………………………………………………… iii
推薦の言葉 ………………………………………………………………………… v

第1章 AIで何かやってみせてよ

1-1 AIプロジェクトが抱える課題 ………………………………… 2
1-2 AIの特性 ………………………………………………………… 4
1-3 業種によって大きく異なるAIの活用度 …………………… 9
1-4 失敗から学ぶ …………………………………………………… 14

第2章 AIの基礎知識

2-1 AIとは …………………………………………………………… 18
2-2 AI研究の歴史 …………………………………………………… 19
2-3 AIの種類 ………………………………………………………… 21
2-4 機械学習とは …………………………………………………… 26
2-5 機械学習を「もしも」と算数で理解する ………………… 30
2-6 機械学習によるコンピュータビジョン …………………… 37
2-7 ディープニューラルネットワーク ………………………… 39
2-8 訓練を体験してみよう ………………………………………… 46

第3章　AIプロジェクトの立ち上げ

- **3-1** AIを適用しやすい課題・しにくい課題 ………………… 54
- **3-2** 開発プロセス ………………………………………… 58
- **3-3** 契約モデルの違い …………………………………… 65
- **3-4** 知的財産権 …………………………………………… 70
- **3-5** 個人情報 ……………………………………………… 76
- **3-6** 見積り（PoCフェーズ）……………………………… 79
- **3-7** 見積り（製品開発）…………………………………… 81

第4章　AIコーディングの基礎

- **4-1** 既存の学習済みモデルを使った製品の例 …………… 88
- **4-2** 身の回りのカメラのAI化 …………………………… 90
- **4-3** 開発プロセス ………………………………………… 93
- **4-4** フレームワーク、ネットワークモデル、学習用データセットの選択肢 ……………………… 125
- **4-5** クラウドAPIという選択肢 ………………………… 135

第 5 章　AI サービスの提供と運用

- 5-1　AI の提供方式 …………………………………………… 142
- 5-2　クラウド・オンプレミスの選択肢 …………………… 144
- 5-3　サービスオペレーション ……………………………… 172

第 6 章　AI プロジェクト・ケーススタディ

- 6-1　第 4 次産業革命の時代 ………………………………… 188
- 6-2　農業 AI ………………………………………………… 191
- 6-3　建設 AI ………………………………………………… 201
- 6-4　医療 AI ………………………………………………… 214
- 6-5　小売 AI ………………………………………………… 225

あとがき ……………………………………………………………… 236
著者・監修者プロフィール ………………………………………… 239
索引 …………………………………………………………………… 240

第1章
AIで何かやってみせてよ

「AIで何かやってみせてよ」「AIで何とかならない？」……このように言われたことはありませんか。しかし、そう言われても困るでしょう。このような発言が出るのは、なぜなのでしょうか。どのような背景があるのでしょうか。この章では、そういった発言の背景にある「AIの理解の欠如」について、そして、理解が必要とされる「AIの特性」について、解説していきます。さらに、AIの知見が乏しい事業部門（ユーザー）と、技術的な知識はあるものの事業面には詳しくない開発部門（ベンダー）をつなぐ「ジェネラリスト」という職種についても説明します。

1-1 AIプロジェクトが抱える課題
1-2 AIの特性
1-3 業種によって大きく異なるAIの活用度
1-4 失敗から学ぶ

1-1 AIプロジェクトが抱える課題

　皆さんは、周りから「AI で何かやってみせてよ」と言われたことはないでしょうか。筆者も例外ではなく、業種を問わず、さまざまな立場の方から、こういった相談を持ちかけられることが増えています。

　AI に限らず、変化が激しい IT の世界では、その流れに乗り遅れまいとして新しい何かを慌てて始めようということが起こりがちです。そして、最近の端的な例が AI なのです。「AI」という言葉は、定義が曖昧でありながら、権威付けする専門用語や人目を惹くキャッチフレーズとして使い勝手がよいのでしょう。しかし、技術と手法の話が先行してしまうと、「人間は AI に仕事を奪われてしまう」などという議論に発散してしまうこともありがちです。

　あなたが IT 屋という立場なら、本来的に問いたいのは「その目的のために、AI をどう活用できるのか」「AI を使うことで、どんなメリットを出せるのか」ということでしょう。その裏側にある技術が「何という理論に基づいているのか」「どのようなアルゴリズムであるのか」といったことは、ユーザーにとってはどうでもよく、AI を使って結果が出るかどうかがすべてであるということを忘れてはなりません。

　そして、このデジタル化の社会では、今後、AI の普及が止まるということはありません。一般のユーザーが意識できるかどうかにかかわらず、AI の社会への浸透は進んでいくことでしょう。その一方で、AI の技術開発やビジネス化を進めようとしてもゴールにたどり着けないといったことが起こっています。これは、なぜなのでしょうか。最近の筆者が講演やセミナーなどのイベントなどで、ビジネス化を推し進める方の話を聞くと、「PoC 貧乏[*1]」に陥るケースというのが後を絶たないといいます。

　AI の導入に立ちはだかるハードルを考える上で、IPA が公開している『AI 社会実装推進調査報告書』[*2] におもしろい調査データがあります。これは、複数の AI ベンチャーに対して行った、ユーザー企業側の AI の理解、人材育成や確保などの課題についてのヒアリング調査データです。

[*1] PoCとは「Proof of Concept（実証実験）」の略語で、「PoC貧乏」とは、実装そのものに予算を使い果たしてしまい、継続的な開発を営めなくなる状況を指し示した皮肉用語です。
[*2] https://www.ipa.go.jp/sec/reports/20180619.html

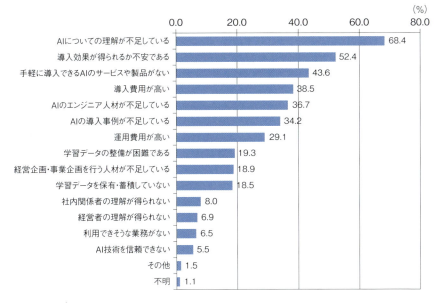

図 1-1　AI に関する課題（アンケート調査）
出典：IPA『AI 社会実装推進調査報告書』

　エンジニア不足、導入費用・運用費用、学習データの整備の困難さなど、さまざまな課題が挙げられている中で、突出しているのは「AI の理解が不足している」ということです。これは、AI ベンダーが抱えている一番の悩みといえるでしょう。つまり、「どのようなことに AI が有効なのか」「AI を導入するには何が必要なのか」といった前提条件が共有されていないということです。そういったことを無視して、「流行っているから」「何かスゴそうだ」「成果を上げているところがあるようだ」といった流れから、本章のタイトルでもある「AI で何かやってみせてよ」という問いが生まれてくるのでしょう。しかし、まず解決すべき課題があり、それを解決するツールとして AI があるべきです。もしかしたら、その課題に対する最適解は AI ではないのかもしれません。そのための議論には、何よりも「AI に対する理解」が必要なのです。

　そして、その次の段階として、このグラフでは中盤に挙がっている「経営企画・事業企画を行う人材が不足している」「経営者の理解が得られない」といった課題が顕著になってきます。これは、AI などの新技術を用いる際には、研究開発を担うソフトウェアエンジニアはもちろんのこと、実際のフィールドでシステム

開発・導入を行う事業部門、それを販売する営業部門など、社内の複数の関係者が力を合わせなければならないということにほかになりません。つまり、そのような組織全体として活動することの重要性、業界の中で先んじて技術投資判断できる経営センスが問われる時代に突入しているともいえるでしょう。

1-2 AIの特性

近年、目覚ましい発展を遂げ、注目が集まっている「AI（人工知能）」は、人間の脳が備えている知的能力をコンピュータシステムで再現することによって実現したものです。従来のように、事前に人間が作成したプログラムの指示通りに処理を行うのではなく、事象の認識から分析、判断、学習、予測などまでを自律的に行うことが可能であるため、ビジネスを進める上で人間のサポート役になることが期待されています。

しかし、AIは決して万能ではなく「できる（得意である）こと」と「できない（不得意である）こと」があります。ビジネスにおいて、人間の強力なサポート役になるAIではあるものの、実際に活用するにあたってはいくつかの特性があるというわけです。これらの特性を十分に理解してこそ、AIが本来持っている可能性を引き出せるのです。まずは、そのAIの特性を見ていきましょう。

● 学習データの必要性

先にも触れたように、AIは万能ではなく、導入すれば何にでもすぐに使える「魔法のツール」でもありません。AIが実用段階に至るには、人間の子供が徐々に知識を吸収していくように学ばせる必要があります。この学びに使うデータを「学習データ」と呼びます。

ビジネスで活用するためには、学習データとして、たとえば購買予測を行うなら購買データ、映像分析を行うならネットワークカメラの映像、医療であればレントゲン・眼底写真・MRI・CTIなどの専門画像といったように、用途ごとに適した学習データが必要になります。

しかも、AIは学習データが増えるほど賢くなっていくことから、求められるデータの量も膨大です。データ量が少ないと、分析の精度が低下したり、対象を正確に認識できなくなったりと、使い物になりません。もちろん、地道に学習データを入力していくという方法もありますが、それでは実用段階までにかなり

の時間を要してしまいます。そしてもう1つ、学習データは「量」だけではなく「質」が求められることも重要です。AIによる分析や検知の精度を上げるためには、データを適正な形に整形する「正規化」を行ったり、ノイズとなる不適切なデータを除去する「クレンジング処理」を行うなど、より「良質」なデータに仕上げることが求められます。このように、「大量かつ良質な学習データを用意できるかどうか」が、AI活用における壁の1つなのです。

また、AIは新しいものを考えて作り出すことは得意ではありません。AIは人間が行った判断を学習して引き継ぐことはできても、AI自身が人間に先んじて新しい判断を独自に行うことはできないのです。最近注目されているディープラーニング(深層学習)活用手法の1つに、「敵対的生成ネットワーク(Generative Adversarial Network：GAN)」と呼ばれるアルゴリズムがあります。これは、大量の類似データを学習することで、新たな画像・音楽・小説などを生成することができる仕組みです。しかし、1種類の画像を生成できるモデル作りには一定の成果が得られているものの、犬や猫、馬といった複数の対象物にそれを応用するためにはまだ課題が多く、研究段階にあるといえます。

● アノテーションの必要性

「アノテーション(Annotation)」とは、データに対して関連情報を付与することです。たとえば、画像・映像認識の場合、人物が写っているデータに「人」や「女性」といった情報を付与して、AIが「正解」を識別できるようにすることです。

アノテーションは、AIにおける研究分野の1つである「機械学習(Machine Learning)」の中でも、脳科学の研究成果である「ニューラルネットワーク」を基盤とした「深層学習(Deep Learning)」においては、特に重要な工程です。しかし、アノテーションを人間の手作業で行うには、多くの手間と時間が必要です。こうした背景から、近年ではアノテーションを自動化できるソリューションも登場しています。

● ブラックボックス問題

AIは、時として、人間が収集したデータを分析することで、まったく新しい戦略立案などをもたらすことがあります。これは非常に有意義なことではありますが、一方でAIが算出した分析結果の思考プロセスを、人間側が理解できないという課題があります。これが「ブラックボックス問題」です。

第1章 AIで何かやってみせてよ　5

Googleが開発した囲碁AIの「AlphaGo」が世界のトッププロ棋士を破ったことが話題になりましたが、AlphaGoは、これまでの定石から外れる数々の手を打ち出しました。現在では、その手法は各国のプロ棋士による研究により、その有効性が確認され、新たな布石・定石となるなど、囲碁の考え方に変革を起こしています。しかし、これは打ち手として表現されたことを研究した結果であり、AlphaGoがどのような思考プロセスでそこにたどりついたかということは、依然としてブラックボックスなのです。

　「ブラックボックス問題」における重要な懸念は、AIによる分析結果が本当に正しいのか、その有効性を人間が正当に判断できないことにあります。もし分析結果に間違いが含まれていた場合、その思考プロセスがわからなければ、人間は間違い自体に気付くことができません。また、何らかのトラブルで分析結果に誤りが生じても、エンジニアによる原因究明が困難になってしまうのです。囲碁であれば、間違いがあってもゲームに負けるだけであり、その間違いに人間が気付くことも難しくはありませんが、たとえば経営に組み込むのであれば、AIが導き出した戦略を説明することができなければ、なかなか採用には踏み切れないでしょう。

●汎用的に活用できない

　現在、さまざまな領域でAIの活用が進んでいますが、これらはあくまでも特定分野のデータを学習させる方式であるため、「特化型AI(Narrow Artificial Intelligence)」と呼ばれています。特化型AIは、画像解析や音声解析、自然言語処理など、それぞれの分野において優れた実力を発揮します。しかし、たとえば同じ画像解析用のAIでも、物体検知と不良品検知ではその特性が異なります。言い換えれば、別の用途への転用が困難なため、汎用性の低さがネックともいえるでしょう。人間の処理能力は、特定分野においては特化型AIに負けることがありますが、日々の生活で出てくる多種多様なタスクをこなすことができます。つまり、総合的な「知能」では、まだAIは人間を超えられているとはいえないのです。

　これに対し、将来に向けて研究が進められているのが「汎用型AI(AGI：Artificial General Intelligence)」です。汎用型AIは、特定の分野に依存することなく、さまざまな状況を自律的に判断・対応することができるAIを指します。人間と同等レベルの知能を有するのが汎用型AIなのです。

● 倫理の問題

　人間が生活をする中で、善悪や正邪の基準となるのが「倫理」です。この倫理は「人間らしさを象徴する存在」であり、日常生活における行動の基準といえます。人は、仕事をする上で意識せずにその基準に従って働いています。AI は果たすべき役割に必要な情報以外のインプットがないのが通常であり、道徳的な学習を行わない限り、人であれば備えている前提となる道徳的価値観を加味して判断することはできません。人は託された仕事を果たすための知識以外にも、プライバシーやダイバーシティに関する理解を持ち、配慮もできますが、AI はそういった基準で判断することができません。したがって、AI を使用する場面の選択には特別な注意が必要となります。

　また、「ブラックボックス問題」でも触れましたが、AI の思考プロセスは時として人間の理解を超えることがあります。AI が引き起こし得る過失をすべて予見することは困難だともいえるでしょう。そうした中で、AI が人間の倫理的な判断を迫られる局面に遭遇した際、どのような対応を採らせるべきなのか、それをどうやって教えるのかといった部分も課題の１つといえます。特に、あらゆる状況に対応できる「汎用型 AI」が誕生するのであれば、プライバシーを伴う情報の扱いや、人の健康や命に関わる状況下での判断などをどう学ばせるのか、そして万が一のトラブル発生時には誰がどのように責任を負うのかといった観点が問題視されています。

　ここで、Facebook の AI 活用例を見てみましょう*3。同社では、自動翻訳を始めとして「視覚障害者向けに投稿された画像の説明文を自動生成する」「膨大なタイムラインからユーザーの嗜好性に合わせて最適なレコメンドを行う」など、さまざまな用途で AI を活用しています。中でも社会的に重要度の高い AI の仕事として、フェイクニュース、自殺や犯罪を示唆・助長する投稿といった不適切な投稿・拡散への対応があります。そこで「Facebook AI Research（Facebook 人工知能研究所）」のエンジニアリング・マネージャーであるアレクサンドル・ルブリュン氏は、次のように述べています。

　　――フィルタリングという点では、いま国内外でフェイクニュースの投稿や自殺
　　や犯罪を示唆助長する投稿など、不適切な投稿拡散の対応が大きな課題となって

---

*3　https://japan.cnet.com/article/35110406/

います。FacebookのAIはこうした課題にどのように対応するのでしょうか。

　まず、AIが単独でこうした不適切投稿に対処するということは、絶対にないと言えます。その傍らには必ず人間がいるということです。世の中には常に新しい投稿が生まれ、それが不適切か否か、合法か否かというギリギリの判断を迫られます。それは人間ですら判断が難しいかもしれません。コンピュータでその判断をすることは、まず不可能なのです。

　AIのゴールというのは、それが不適切か否かを判断することではなく、99％以上ある適切な投稿を判断すること。それによって残り1％の疑義のある投稿が明らかになり、人間が判断をするという対応が可能になるのです。

同氏への質問は、さらに続きます。

――とはいえ、人間の判断という知見（教師データ）が蓄積されると、投稿をAIが判断する精度は高まるのではないでしょうか。
　確かに、教師データの蓄積で発見の精度は高まりますが、残念ながら、これで充分だという状態には絶対になりません。そこには2つの大きな理由があります。
　1つ目は、いま仮に世界最高の人工知能を用いたとしても"100％正しい"という判断は絶対にできないということです。99％正しかったとしても、カバーしきれないわずかな不確実性が必ず存在します。100万のサンプルを学習しても、それは解消できないでしょう。ゲームやレコメンドであれば、それでいいかもしれません。しかし、自殺助長や犯罪などの発見には、わずかな不確実性も残されるべきではありません。だからこそ、AIでは自信をもって判断できないところは人間が対応する必要があるのです。
　2つ目は、ユーザーの投稿には常に新規性があるということです。たとえば、フェイクニュースは5年前にこんなに存在していたでしょうか。新しい種類の犯罪や新しい種類のコンテンツは常に生み出されていて、そのフォーマットもテキストから始まって、写真、動画、ARと多様化しています。そうしためまぐるしい変化に合わせて"不適切な投稿"の定義を考えて学んでいく必要があるのです。その部分で、まずは人間が介在して判断する必要があるわけです。

このように、AIが算出した分析結果を本当に信用してもよいのかといった議論は、今も続けられています。

1-3 業種によって大きく異なるAIの活用度

現在、さまざまな業種で注目を浴びているAIですが、業種による活用度合いは、どれくらいの差があるのでしょうか。

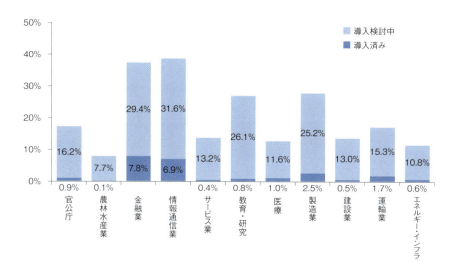

図1-2 AIの日本市場の導入率（業種別）
出典：MM総研『人工知能のビジネス提供価値を考える』

　MM総研が2017年6月に発表した「『人工知能のビジネス提供価値を考える』— 人工知能のビジネス活用概況2017年度版」[*4]によると、2016年度における日本市場へのAIの業種別導入率は、金融業が7.8%でトップ、次いで情報通信業が6.9%、さらに製造業(2.5%)、運輸業(1.7%)、医療(1.0%)と続いています。他業種と比べて、金融業と情報通信業の導入率が先行している理由としては、ソフトウェア中心の業務が多いためにAIを導入しやすいということが挙げられるでしょう。また、これまでのビジネスでAIの学習や分析に必要な大量のデータが十分に蓄積されているという点も、AI活用が進めやすいポイントといえます。

　一方で、導入率が低い業種としては、農林水産業(0.1%)とサービス業(0.4%)

[*4] https://www.m2ri.jp/upload/market/38/b5fe38fce5f1fe9bf13c2fa5ff328539.pdf

が挙げられます。特に、これまで全体的にICTの導入が遅れている傾向が強かった農林水産業では、AIを活用できるシーンが限られることに加えて、他業種と比べて蓄積されたデータが少ないといった点が導入率の低さにつながっているといえるでしょう。裏を返せば、これから大幅なAI導入市場の立ち上がりが期待できるチャンスといえるのかもしれません。すでに、ロボット技術やICTの活用で省力化・精密化や高品質生産を目指す新たな農業である「スマート農業」の一環として、AIが採用されている事例も出はじめています。これについては、後の章で詳しく紹介します。

● ジェネラリストの必要性

　我が国は、少子高齢化により、業界問わず担い手不足が叫ばれる課題先進国です。それゆえに、AIが国家の産業競争力に与える影響は極めて大きくなりつつあります。しかし、それに反して冒頭で述べたようなPoC貧乏という言葉が出てしまうような難しい時期であるのです。そこで、こういった状況を解決するために注目が集まる「ジェネラリスト」の存在に話を向けましょう。ここからは、AIの知見を持たない事業部門と、技術的な知識はあるものの事業面には詳しくないエンジニアの中間を担う存在ともいえるポジションであるジェネラリストの重要性について触れていきます。

　まず、AIプロジェクトを導入・進行する際、取り巻く環境を見てみましょう。「AI開発をベンダーに発注しようとするユーザー」と「ユーザーからデータの提供を受けてAIを開発したいベンダー」の双方の立場が存在します。これはサー

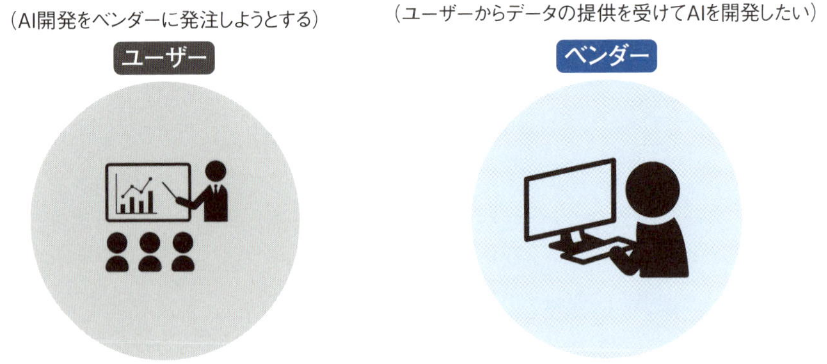

（AI開発をベンダーに発注しようとする）　ユーザー

（ユーザーからデータの提供を受けてAIを開発したい）　ベンダー

図1-3　AIプロジェクトにおけるユーザーとベンダーの距離感

ビスを運用する側が開発を外注するというプロジェクトの場合ですが、内製するのであれば、「事業部門」「開発部門」と置き換えて考えればよいでしょう。ここでは、「ユーザー」「ベンダー」として話を進めます。

この二者を引き合わせ、多くのサービスが創出され社会に浸透していくことが日本の産業競争力を高めると筆者は考えています。

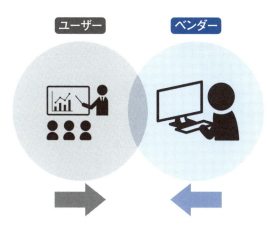

図 1-4　ユーザーとベンダーが歩み寄る必要がある

そのためには、この二者を取り持つ者が必要になります。これまでB2Bの世界においては、SIerやITコンサルタントといった職種がその役目を果たしていましたが、AIプロジェクトでは、技術的な知識に加えて適切な投資判断が必要となるケースが多くなってきます。言い換えると、「事業のKPI向上に対する目的意識を持つ者」と「ディープラーニング／機械学習の基礎知識を持つ者」の両方の視点を持つジェネラリストの存在が必要不可欠なのです。

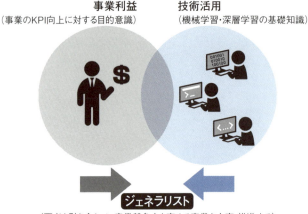

図 1-5　ジェネラリストの立ち位置

　筆者の所属する株式会社オプティムでは、「○○×IT」というキーワードを掲げています。この取り組みが参考となると思うので、そのイメージを挙げておきましょう。それは図 1-6 のようなものです。当社は、第 4 次産業革命[*5] の先にあると考えられる社会ニーズを自社で培ったコアテクノロジーを組み合わせることで解決しようとしています。このとき、事業的側面と技術的側面の両方から製品開発・ビジネス構築を推し進めています。最近では、デジタルトランスフォーメーション[*6] という考え方が浸透しつつありますが、いまだに国内にはこのような垂直統合型の立ち位置からビジネスを推進する企業は限定的な状況と捉えており、市場チャンスは多く眠っていると考えています。

[*5] 18世紀末以降の水力や蒸気機関による工場の機械化である「第1次産業革命」、20世紀初頭の分業に基づく電力を用いた大量生産である「第2次産業革命」、1970年代初頭からの電子工学や情報技術を用いた一層のオートメーション化である「第3次産業革命」に続く、いくつかのコアとなる技術革新を指します。

[*6] スウェーデンのウメオ大学のエリック・ストルターマン教授が提唱したとされる「ITの浸透が、人々の生活をあらゆる面でよりよい方向に変化させる」という概念のこと。

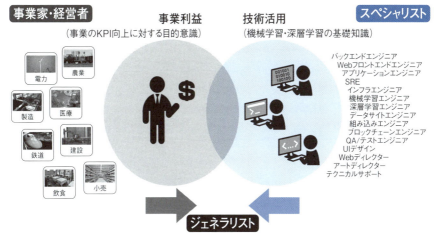

図 1-6　事業家・経営者とスペシャリストをジェネラリストが引き合わせる

　さて、ここでいうジェネラリストという職種は、今現在、明確には存在していないのかもしれません。しかし、これから AI が社会に浸透していくにあたっては需要性の高いスキルセットになるのは間違いないでしょう。スペシャリストの道を歩むエンジニアであれ、反対に開発業務そのものは行わない事業家や経営者であれ、双方の橋渡しをするジェネラリストの視点が非常に重要です。そして、本書は、その水先案内として役に立つはずです。また、このジェネラリストの道を突き進むのであれば、一般社団法人日本ディープラーニング協会[7] が実施する「JDLA Deep Learning for GENERAL（通称、G 検定）」にチャレンジしてみてもよいでしょう。G 検定は、まさに「ディープラーニングに関する知識を有し、事業活用する人材（ジェネラリスト）」の育成を目指したものです。

---

[7] https://www.jdla.org/

図 1-7　G 検定受験サイト

1-4　失敗から学ぶ

　AI を取り込み、新たなサービスを世に送り出すには「事業家・経営者」と「スペシャリスト」、それをつなぐ「ジェネラリスト」が垂直統合型で協力することの必要性について触れました。そして、それらのすべてを掌握可能なスーパーマンは、残念ながら筆者が知る限りでは存在していないことも、併せてお伝えしなければなりません。

　また、収益性を見つけるのが先であるのか技術戦略を決めるのが先であるのかは、まさに「鶏と卵の関係」であるといえます。実現性の裏付けやリスク回避といった技術戦略を念入りに行った結果、実施されずに企画倒れとなった案件、それとは逆に貧弱なプロダクトをローンチしつづけ、体力（投資資産）を食いつぶした案件、その両方の失敗を、筆者は何度も経験をして今があります。

　本書は、AI プロジェクト立上げのチャレンジ、あるいは失敗を繰り返すことのきっかけ、そして経験で得るであろう成功への近道となることを目指しています。第 2 章では AI の技術的な概要を説明し、第 3 章では AI プロジェクトの立ち上げや運用について説明しています。また、第 4 章では技術的な課題についてコードサンプルを用いて解説し、第 5 章では実際にサービスとして提供する際に解決すべき問題について紹介しています。そして、第 6 章では、さまざ

な分野の事例を挙げて、どのような課題があり、それをどうやって解決したのか、あるいは、どのような取り組みや失敗があったのかなどを紹介しています。

　各章を順に読んでいくことを想定していますが、気になるところや必要となる部分を抽出して読んでいってもよいでしょう。

第2章
AIの基礎知識

そもそも「AI」とは何なのでしょうか。「ディープラーニング(深層学習)」や「機械学習」とは、何が違うのでしょうか。その歴史を振り返りつつ、AIの種類、そして、AIを活用するためには何が必要で、どのくらいのコストが必要かなど、概略を説明していきましょう。

本章の後半では、日本語の文章と小学校で習う算数レベル計算で、機械学習の考え方を学びます。さらに、その考え方を発展させた「機械学習」の基礎や「ディープラーニング」の概念を説明します。そして、ディープラーニングの実装をWebブラウザから手軽に試すことができるサイトを通して、ニューラルネットワークの訓練を体験してみます。

2-1　AIとは
2-2　AI研究の歴史
2-3　AIの種類
2-4　機械学習とは
2-5　機械学習を「もしも」と算数で理解する
2-6　機械学習によるコンピュータビジョン
2-7　ディープニューラルネットワーク
2-8　訓練を体験してみよう

2-1　AIとは

　AIとは、「Artificial Intelligence」の頭文字を取った言葉で、日本語では「人工知能」と訳されます。Wikipediaでは、「人工的にコンピューター上などで人間と同様の知能を実現させようという試み、あるいはそのための一連の基礎技術を指す」[*1]とありますが、研究者によって解釈は千差万別で、厳密な定義はありません。一般的な解釈として、「人工的に人間の知能を模倣するための概念および技術」と覚えておけばよいでしょう。

　AIには、「コンピュータが人間のように『学習』し、知識をもとに『推測』する」ことが求められ、そのために大規模なプラットフォームや複雑なアルゴリズムが用いられます。身近なところでは、インターネットの検索やスマートフォンの音声認識などでも使われていますが、そのほかにも障害物を検知してブレーキを作動させる衝突被害軽減ブレーキ(自動ブレーキ)、産業分野の工業用ロボット制御など、さまざまな場所で活用されています。

　AIというと最新技術というイメージを持たれることも多いのですが、AI自体は1950年代から研究が続けられています。現在のビッグデータやディープラーニングを活用したAIの発展は、「第三次AIブーム」とも呼ばれています。

　第1章でも触れましたが、2016年には、Google傘下のAIスタートアップ企業であるDeepMindが開発した囲碁AI「AlphaGo(アルファ碁)」が、世界的トップ棋士であるイ・セドル氏(韓国)を破り、翌2017年には、世界最強と目されていたカ・ケツ氏(中国)をも下しました。当時、AIが囲碁でプロに勝つまでに10年以上かかるといわれており、その快挙はAIやディープラーニング(深層学習)というキーワードとともに世界中のメディアで報じられました。そして、AlphaGoは「囲碁から引退」し、「次のレベルのための開発に注力する」と表明しました。2017年10月18日に、Googleは最新の囲碁AI「AlphaGo Zero(アルファ碁ゼロ)」を学術誌『Nature』に発表しました。AlphaGoはプロ棋士の打ち筋を学習し、そこからAI同士の対戦で強くなっていく仕組みを採用していたのに対し、AlphaGo Zeroは、囲碁のルールだけを教えて、あとは自己学習(強化学習)のみで棋力を高めていくことが特徴です。これまで人間が数千年の創意工夫を経て考え抜いた打ち筋というデータベースを活用(学習)せず、自己対局

[*1] https://ja.wikipedia.org/wiki/人工知能

を繰り返して3日でAlphaGoに100戦全勝したという改良版なのです。その後、AlphaGo Zeroのアプローチを汎用化した「AlphaZero」へと発展させました。AlphaZeroは、短時間のうちに、チェスや将棋の世界チャンピオンソフトに勝ち越し、AlphaGo Zeroとも互角に戦えるようになったといいます。

図2-1　AlphaGoとイ・セドル九段の対戦の模様
出典：AlphaGo's ultimate challenge: a five-game match against the legendary Lee Sedol
（https://www.blog.google/technology/ai/alphagos-ultimate-challenge/）

　AlphaGo／AlphaZeroの例でも繰り返し出てきましたが、AIを支えているのは「機械学習」「深層学習（ディープラーニング）」「強化学習」といった技術です。ここでは、それらの基本的な考え方や意味について説明していきましょう。

2-2　AI研究の歴史

　本書では、現在の「第三次AIブーム」の中心となっている「ディープラーニング（深層学習）を中心に話を展開していきます。その前に、総務省が公開している『平成28年度版 情報通信白書』[2]の「人工知能（AI）の現状と未来」[3]から、こ

---

[2] http://www.soumu.go.jp/johotsusintokei/whitepaper/ja/h28/pdf/
[3] http://www.soumu.go.jp/johotsusintokei/whitepaper/ja/h28/pdf/n4200000.pdf

れまでの「第一次AIブーム」「第二次AIブーム」を振り返ってみましょう。その中の「人工知能(AI)研究の歴史」では、「人工知能(AI)の研究は1950年代から続いているが、その過程ではブームと冬の時代が交互に訪れてきた」と紹介し、それぞれのブームを次のように説明しています。

ア 第一次人工知能ブーム

第一次人工知能(AI)ブームは、1950年代後半～1960年代である。コンピューターによる「推論」や「探索」が可能となり、特定の問題に対して解を提示できるようになったことがブームの要因である。冷戦下の米国では、自然言語処理による機械翻訳が特に注力された。しかし、当時の人工知能(AI)では、迷路の解き方や定理の証明のような単純な仮説の問題を扱うことはできても、様々な要因が絡み合っているような現実社会の課題を解くことはできないことが明らかになり、一転して冬の時代を迎えた。

イ 第二次人工知能ブーム

第二次人工知能(AI)ブームは、1980年代である。「知識」(コンピューターが推論するために必要な様々な情報を、コンピューターが認識できる形で記述したもの)を与えることで人工知能(AI)が実用可能な水準に達し、多数のエキスパートシステム(専門分野の知識を取り込んだ上で推論することで、その分野の専門家のように振る舞うプログラム)が生み出された。日本では、政府による「第五世代コンピュータ」と名付けられた大型プロジェクトが推進された。しかし、当時はコンピューターが必要な情報を自ら収集して蓄積することはできなかったため、必要となる全ての情報について、人がコンピューターにとって理解可能なように内容を記述する必要があった。世にある膨大な情報全てを、コンピューターが理解できるように記述して用意することは困難なため、実際に活用可能な知識量は特定の領域の情報などに限定する必要があった。こうした限界から、1995年頃から再び冬の時代を迎えた。

ウ 第三次人工知能ブーム

第三次人工知能(AI)ブームは、2000年代から現在まで続いている。まず、現在「ビッグデータ」と呼ばれているような大量のデータを用いることで人工知能(AI)自身が知識を獲得する「機械学習」が実用化された。次いで知識を定義する要素

（特徴量）を人工知能（AI）が自ら習得するディープラーニング（深層学習や特徴表現学習とも呼ばれる）が登場したことが、ブームの背景にある。

エ これまでの人工知能ブームをふりかえって

　過去2回のブームにおいては、人工知能（AI）が実現できる技術的な限界よりも、社会が人工知能（AI）に対して期待する水準が上回っており、その乖離が明らかになることでブームが終わったと評価されている。このため、現在の第三次ブームに対しても、人工知能（AI）の技術開発や実用化が最も成功した場合に到達できる潜在的な可能性と、実現することが確実に可能と見込まれる領域には隔たりがあることを認識する必要がある、との指摘がある。例えば、ディープラーニングによる技術革新はすでに起きているものの、実際の商品・サービスとして社会に浸透するためには実用化のための開発であったり社会環境の整備であったりという取組が必要である。実用化のための地道な取組が盛んになるほど、人工知能（AI）が社会にもたらすインパクトも大きくなり、その潜在的な可能性と実現性の隔たりも解消されると考えられる。

　ここでも述べられているように、第一次AIブームや第二次AIブームのころにすでに存在していた考え方に、コンピュータの進化が追いついたのが、現在の第三次AIブームといえるでしょう。そして、コンピュータの進化はとどまることを知らず、かつては想像もしていなかったところに我々を連れていこうとしています。

　とはいえ、それは決して「AIが仕事を奪う」「何でもAIに任せられるようになる」といったことではありません。それを理解するためにも、AIの種類とその特性を押さえておく必要があります。それぞれ説明していきましょう。

2-3 AIの種類

　AIは、その活用用途によって「特化型AI（Narrow AI）」と「汎用型AI（Artificial General Intelligence：AGI）」に分類されることは、先にも説明しました。また、その機能の高度さによって「弱いAI（Weak AI）」と「強いAI（Strong AI）」と分類することもあります。これは、AIを実現する手法によるものではなく、どちら

かといえば、AI が我々人間や社会に対してもたらすインパクトに対しての考え方としての分類といえるでしょう。

● 特化型 AI と汎用型 AI の違い

「特化型 AI(Narrow AI)」は、囲碁 AI の「AlphaGo」「AlphaGo Zero」のように、特定の作業・領域でパフォーマンスを発揮するものを指します。一方の「汎用型 AI(Artificial General Intelligence：AGI)」は、作業・領域を限定せずに人間と同等あるいはそれ以上のパフォーマンスを発揮するものを指します。イメージとしては、SF 映画に出てくるような自分で考えて自律的に行動する、生命に近いロボットプログラムが汎用型 AI に該当するでしょう。ただし、人間と同等かそれ以上に万能な AI は、今のところ実現されていません。AlphaGo を汎用版である「AlphaGo Zero」も、囲碁以外のゲームにも応用が利くことを示したに過ぎません。

● 弱い AI と強い AI の違い

「弱い AI」と「強い AI」は機能の高度さなどによる分類で、どれだけ人間に近い行動をするかが判断基準とされます。「どこまでが弱い AI で、どこからが強い AI」といった明確な基準はありませんが、一般的には、人間のような意識を持たずに機械的に作業などをこなすものが「弱い AI」、まるで意識があるように学習して意思決定できるものが「強い AI」と呼ばれます。ディープラーニングを活用した AI は、強い AI といってよいのかもしれませんが、今後研究が進むことで、より人間に近い判断が下せるアルゴリズムが生まれれば、この言葉に対する定義や理解は変わり続けることでしょう。そして、現在の AI はすべて、特定の目的のために人間の設計通りに動く、道具としての弱い AI といえます。自我を持った強い AI は、まだ現れていないどころか、どうすればできるのかもわかっていないというのが実情です。

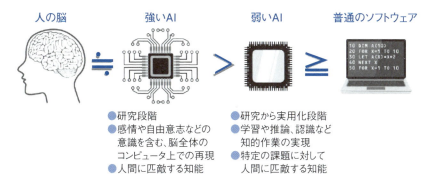

図 2-2 人間の脳と AI の汎用性についての比較
出典:総務省「平成 26 年度版　情報通信白書」の「ICT 先端技術に関する調査研究(株式会社 KDDI 総研)」(http://www.soumu.go.jp/johotsusintokei/linkdata/h26_09_houkoku.pdf)

● 学習モデルとデータセットについて

　実際に AI を利用する場合、「AI を作る学習フェーズ」と「AI を使う予測・認識フェーズ」に分けられます。その中で特に重要なのが、最初は何の判断もできない赤ちゃん状態である AI を成長させる学習フェーズです。先に、AlphaGo は過去のプロ棋士の打ち手を学習したと述べました。このように、初期に必要になるのが、学習用の「データセット」と「学習モデル」です。一般には、「データセット」から規則性や関連性を抽出し、学習を繰り返すことで「学習モデル」を生成するという手順になります。

　このように学習を繰り返したモデルを「学習済みモデル」と呼びます。学習に用いるデータセットの質にも依存しますが、一般的には、繰り返した学習が多いほど精度が高くなります。特にディープラーニングでは精度を高めるために大量のデータが必要です。もちろん、データの正確性も重要な要素です。不完全なデータで学習することは、間違った判断をしてしまい、求めている方向に AI が学習しないリスクが増えることを意味します。

・学習済みモデル構築にかかる計算コストは?

　学習済みモデルを構築するためには、「AI に導き出してもらいたい回答」「その回答を得るために必要な学習」「学習するために必要なデータセット」などを明確にした上で設計を行う必要があります。その際に生データを収集し、データベース化し、データセットを作り、学習を繰り返す必要があるため、データの整理

や学習には膨大な時間を要します。一言で膨大な時間とはいったものの、業務として一定の成果をコミットするためには、人的コストとコンピュータリソースのコストの両方が必要であり、そのバランスをとることが重要になってきます。

　人的コストとは、狙った方向にAIが学習するようにチューニングしていくため、それをサポートする専門家の人件費が必要であるということです。AIコンサルタントやデータサイエンティストなどの職種が、それに当たります。少なくとも、次のようなタスクをこなしていく必要があります。

1. データ入手とそのための顧客折衝
   Webスクレイピング*4で取得できるものから、特定の現場に出向くことでしか取得できないもの（たとえば、製造機器のエラー値の取得、医療画像など）がある。
2. データ前処理
   データ構成の把握。フォーマットの統一化など。アノテーションの付与も、このフェーズで行う。
3. データ解析
   重要となる特徴量探しと外部要因の仮説検討を行う。

　そして、もう一方のコストがコンピュータリソースです。特に**ディープラーニングを用いた学習作業は、多くのコンピュータリソースと時間を要します**。これまでは、クラウドのGPUマシンを時間借りしたり、大学の研究室にある学習専用の高性能マシンを利用させてもらうなど、何らかのリソースを確保する必要がありました。幸いなことに、最近では、クラウドのJupyter Notebook*5実行環境としてGPUインスタンスが付属する「Google Colaboratory」がGoogleよりリリースされており、研究や仮説検証ではぜひとも有効活用をしていきたいリソースです。Google Colaboratoryは、機械学習の教育、研究用に使われることを目的に、無償提供されています。*6

---

*4 Webサイトから情報を抽出すること。あるいは、そのコンピュータソフトウェア技術のこと。
*5 プログラムを実行し、実行結果を記録できるツールです。主に、数値計算・データ解析を行うときに使われます。プログラム内容や実行結果はnotebookという形式のファイルに保存され、再利用が可能であるため、開発者の間では最近よく使われています。
*6 2019年3月現在。また、最大使用時間や一定期間アイドル状態の場合に停止するなど、仕様・制約事項を確認の上で使用することをお勧めします。

● AIにおける機械学習とディープラーニング（深層学習）の位置付け

では、それぞれの位置付けを見ていきましょう。押さえておくべきことは、「AI（人工知能）」という言葉は総合的な概念と技術であり、機械学習とディープラーニングはAIを支える手法ということです。

たとえば、人間は、動物を見たときに「犬なのか、猫なのか」を瞬時に判断します。そのメカニズムとしては、目や耳から得た情報を経験・知識と照らし合わせ、「動物なのか」「種類は何なのか」を推測することで実現しています。逆にいうと、初めて見るものの場合、前提となる情報がないと、何であるかすら判断できません。それでも、過去の知識と照らし合わせることで、「どうやら動物のようだ」「犬の仲間だろう」というように「推測」していきます。AIの基本的な概念も同様で、人間の脳が行っている「推測」をコンピュータで模倣しているのです。

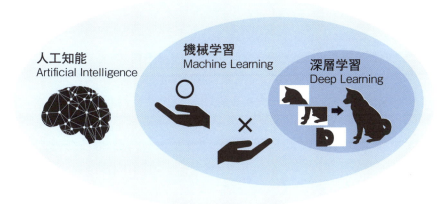

図2-3　人工知能と機械学習・ディープラーニングの関係性

その「推測」を行う際に重要なのが「学習」です。人間が過去の知識から推測を行うと同様に、AIも経験・知識がなければ推測できず、適切な回答を導き出だせません。そこで、そのために必要な法則やルールなどを学習させる必要があるわけです。その学習方法を機械学習（Machine Learning）と呼び、その手法として深層学習（Deep Learning）があります。機械学習と深層学習は対になる言葉ですが、現在のところ、日本ではディープラーニングという呼び方が一般的なので、本書では「機械学習」と「ディープラーニング」を使っていきます。

さて、人間も赤ちゃんのうちは動物を判別できませんが、成長とともに学習すれば判別できるようになっていきます。AIは、人間のように学習することで成長するものであり、「人間の脳を模倣した仕組み」を用いて人間が対処しきれない量の問題を処理したり人間が見落としてしまう問題を発見するための手法としてディープラーニングに注目が集まっています。なお、「人間の脳を模倣した仕組み」そのものは「ニューラルネットワーク」と呼びます。これについては、のちほど詳しく解説します。

2-4 機械学習とは

機械学習とは、既知のデータから規則性を見出す手法を研究するAIの1分野です。類似する学問として、ある1つの群のデータに対してその性質を調べたり、あるいは手持ちのデータからもっと大きな未知のデータや未来のデータを推測したりするための「統計学」があります。ここでは、機械学習と統計学が行っていることはほとんど同じと解釈してもよいでしょう。大きな違いは、機械学習は学習したモデルを使って未知のデータに対する予測をすることが大きなモチベーションになっているのに対し、統計学は推定したモデルの正当性を考察しながら実験から得られたデータを客観的に説明しようとすることが大きなモチベーションになっている点です。

機械学習にはさまざまな分類方法がありますが、大きな分類として「教師あり学習」「教師なし学習」「強化学習」の3つに分けることができます。これらの違いを天気で例えるのであれば、次のようになります。

- 教師あり学習
  傘を持っている人の割合から、今日、雨が降るかを予想する
- 教師なし学習
  過去の降水確率から、明日の降水確率を予想する
- 強化学習
  傘が邪魔になることも加味して、傘を持っていくべきかを判断する

● 教師あり学習

教師あり学習には、次のような手法があります。

分類

データが属するクラス(YES／NOのような)を予測することを「分類」と呼びます。たとえば、顧客の購買情報からその顧客が新商品を買うか買わないかを予測する行為です。判断したい結果が「YES／NO」といった2種類のものを「二値分類」と呼び、成績のように「A、B、C、D、E」の5段階に分けて予測したいなど、2クラスより多い分類予測を「多クラス分類」と呼びます。コンピュータビジョンにおける物体認識(ある写真に写っているモノが犬なのか猫なのか)なども、この「分類」にあたる仕事です。

回帰

連続値などの値の予測を「回帰」と呼びます。たとえば、母親の身長から子供の身長を予測するなどです。具体的には、「説明変数 x」によって、「目的変数 y」の変動を「y=f(x)」の形でどの程度説明できるのかを分析する手法です。分析の代表的手法として「最小二乗法」があります。最小二乗法とは、誤差を伴う測定値の処理において、その誤差の二乗の和を最小にすることで、もっとも確からしい関係式を求める手法です。そして、回帰分析の種類には、説明変数 x とその項が1つの「単回帰」、説明変数 x の項が複数の「多項式回帰」、項だけでなく説明変数そのものが x1、x2 と複数になる「重回帰」などがあります。

回帰分析は、時系列に連続性のある値の予測にも使えます。あるコンビニに顧客が訪れる回数を予測する行為などです。広告を出稿することで売上がどの程度上がるかや、電力需要も、同様に回帰分析で予測できます。

COLUMN　回帰分析の具体例

筆者が幼少期を過ごした「山本酒店」のお話です(この話はフィクションです)。

お祭りの屋台にビールを卸販売する酒屋があります。この店主は、特に繁忙期である夏の時期における「出荷量の調整」に頭を悩ませていました。ある日は真夏日で販売量が激増し、屋台に出荷した在庫が切れたせいで売上を伸ばすチャンスを逃してしまいました。またある日は台風が直撃し、出荷しすぎた在庫の返品を受け入れなくてはならな

> くなり、夏の暑い時期に余った在庫を受け取るという重労働を強いられることになりました。
> そこで、この酒屋の過去の販売データをもとに回帰分析したところ、「気象データ x」によって「ビールの販売量 y」を「y = f(x)」の形で説明できることが分かりました。この回帰式「y = f(x)」を用いて予測してみたところ、90%の確率で誤差±10%以内の予測に成功し、機会損失リスク、出荷過多による返品リスクを大幅に削減することに成功しました。

● 教師なし学習

　教師なし学習は、学習対象のデータはあるものの、それが何であるかという正解は与えられないため、アルゴリズムを用いて何かしらの構造や法則を見出すための手法です。正解が与えられないがゆえに、必ずしも人間にとって望ましい結果になるとは限りません。

　機械学習を用いると、「データの性質としては理解できるが、その技術で分けてほしいわけではなかった」という結果になったり、「そもそも何を基準にデータを分けたのかが理解できない」といったともあり得ますが、教師なし学習を用いるとそういった状況がさらに発生しやすくなります。逆にとらえれば、「人間は気が付かなかった発見」を教師なし学習で見つけられる可能性があるともいえます。「何を基準にデータを分けたのか人間に理解ができない」という状況を逆手にとった例として、次のような話があります。

> 米国の大手スーパーマーケットで販売データを分析した結果、顧客はおむつとビールを一緒に買う傾向があることがわかった。調査の結果、子供のいる家庭では母親はかさばる紙おむつを買うように父親に頼み、店に来たついでに缶ビールを購入していた。そこでこの2つを並べて陳列したところ、売上が上昇した。

　これは、「データマイニング」という言葉を流行らせたといってもよいストーリーです。出典については諸説あり、都市伝説として扱われてもいるようです。現実世界のビジネスはそこまで簡単なものとしても、この例は、教師なし学習の中でも代表的な手法である「クラスター分析」に、「アソシエーション分析」を組み合わせて法則性を導き出すことができます。

- ●クラスター分析
    データに内在するグループ分けを見つけ出す手法
- ●アソシエーション分析
    データの大部分を表すようなルールを見つけ出す手法(Xを買う人はYも買う傾向にあるなど)

　最近のECサイトでは、「この本を見た人はこの本も見ています」や「このシャツを買った人はこのパンツも買っています」といったレコメンドエンジンが実装されています。これらは商品同士の共起性に基づいて表示され、「アソシエーション分析」が用いられた場合は、パーソナライズされているわけではなく、誰が表示しても同じ結果しか得られません。これをさらに個人ごとにパーソナライズした手法として「協調フィルタリング」があります。あるユーザーの購入履歴と、そのユーザー以外の多数の購入履歴の両方を用い、その購入パターンからユーザー同士の類似性、または商品感の共起性をアソシエーション分析し、対象となるユーザーの行動履歴を関連付けることで、結果としてパーソナライズされた商品をレコメンドするという手法です。単純な商品同士の共起性のみならず、人同士の類似性に基づいた推薦ができることから、意外性のある商品の提示ができるため、コンバージョン率の向上が見込まれる手法として、「協調フィルタリング」は多くのECサイトで採用されています。

● 強化学習

　強化学習は、試行錯誤を通じて「価値を最大化するような行動」を学習する手法です。脳内の快楽物質であるドーパミンの放出(報酬)が、動物の行動選択に大きな影響を与えることは、まさに強化学習の仕組みで、実際の脳との関連性も盛んに研究されている分野です。

　強化学習は教師あり学習に似ていますが、教師データとしての明確な「答え」が提示されるわけではありません。では何が提示されるかというと、「行動の選択肢」と「報酬」になります。第1章で触れたAlphaGoは、その一部に強化学習が組み込まれています。テトリスなどのゲームで、できるだけ高スコアを得るような問題も強化学習の枠組みで考えることができます。強化学習は、与えられた「環境」において、価値を最大化するように「エージェント」を学習させます。

たとえば、テトリスが「環境」で、そのプレイヤーが「エージェント」という具合になります。

代表的なアルゴリズムとして、「Q-Learning」「SARSA」「モンテカルロ法」などが挙げられます。そして、ディープラーニングの登場により、強化学習にもブレークスルーが起こりました。ディープラーニング（深層学習）を用いた強化学習は「深層強化学習」とも呼ばれ、Q-Learning にディープラーニングを適用した「DQN(Deep Q-Learning Network)」を用いることで、より複雑なゲームや制御問題の解決が可能になり、強化学習が注目を集めています。

2-5 機械学習を「もしも」と算数で理解する

AIを支える「機械学習」という手法ですが、具体的に理解することができず、自分から遠い存在だと感じているかもしれません。

そこで、「曇った日の朝に傘を持っていくべきか」といった普段の生活の中で行う「判断」という行為と、小学生で習う算数をベースに、基本的なプログラミングの考え方を少しだけ加えて、機械学習につながるまでの道筋を説明してみましょう。

● 単純だった判断が複雑化する場合を考える

まずは、日本語の文章で考えてみましょう。

単純な判断の例として、「雨が降っている」ときの行動を考えてみます。

```
もしも「雨が降っている」のであれば
↓
「傘を買う」
```

「雨が降っている」ので「傘を買う」というのは、自然な行動のように思えます。しかし、現実はもっと複雑です。「雨が降っている」のほかにも、「傘を買う」理由としては、「そもそも傘を持っているのか」「どこにいるのか」「天気予報はどうなっているのか」など、さまざまな要素が絡んできます。

```
もしも
「雨が降っている」
「傘を持っていない」
「コンビニの近くにいる」
「駅まで歩いて行かなければならい」
「天気予報によると降り続くようだ」
などの条件に多く合致していれば
↓
「傘を買う」
```

　実際には、さまざまな状況、多様な考え方があり、傘を買うかどうかは、状況次第ということになります。
　そこで、これをプログラム化する方法を考えてみましょう。こういった場合、ほとんどのプログラミング言語で実装されている条件分岐命令である「if 文」を使います。

● if 文で複雑な判定条件を行う

　条件分岐命令とは、「もしも」という仮定の条件式が正しければ、それ以降の命令を実行するというもので、多くのプログラミング言語では「if 文」という命令で実装されています。なお、「仮定が正しい」ことを「条件式が真である」、「仮説が正しくない」ことを「条件式が偽である」といいます。if 文は、たとえば次のような書式(この場合は「C 言語風」)で、条件式が真(True)であるときに、命令文が実行されることになります。

```
if(‘条件式’){
   命令文
}
```

　では、先ほどの傘を買う条件を if 文で書いてみましょう。単純な判断の場合は、ほぼそのままです。

```
if('雨が降っている') {
    '傘を買う'
}
```

複数の条件があった場合は、どうすればよいでしょうか。たとえば、2つの条件があり、どちらも正しいときに実行する場合は、次のように「and」を使います。

```
if('雨が降っている' and '傘を持っていない'){
    '傘を買う'
}
```

また、どちらか一方が正しいときに実行する場合は、次のように「or」を使います。

```
if('雨が降っている' or '天気予報によると降り続くようだ'){
    '傘を買う'
}
```

● 式で考えてみる

ここまでは、条件を文章で考えていましたが、プログラム風に「式」に置き換えてみましょう。たとえば、「雨が降っている」は「雨＝降っている」、「傘を持っていない」は「傘＝持っていない」といった具合です。それぞれ式 x1、式 x2 と表すと、先の if 文は次のようになります。

```
if(x1 and x2){
    ...
}
```

どちらか一方が成立する場合の if 文は、予想がつくと思いますが、次のようになります。

```
if(x1 or x2){
  ...
}
```

　ここまでは、とても簡単です。では、さらに複雑な条件を考えてみましょう。「条件 x1、x2、x3 のうち、2 つ以上が True のときに実行したい」といった場合は、どうなるでしょうか。2 つが成立する組み合わせは 3 通りあるので、次のようになります。3 つとも True の場合は、どれにも当てはまるので、もちろん実行されます。

```
if(  (x1 and x2)
   or(x1 and x3)
   or(x2 and x3){
  ...
}
```

　さらに、「条件 x1、x2、x3、x4、x5 の内、3 つ以上が True のときに実行したい」といった場合はどうなるでしょうか。

```
if((x1 and x2 and x3)
   or(x1 and x2 and x4)
   or(x1 and x2 and x5)
   or …… #10通りを列挙){
  ...
}
```

　5 つから 3 つを選ぶ組み合わせになるので、10 通りの条件を記述する必要があります。このように、条件が複雑になっていくと、式を列挙していくのは現実的ではなくなってきます。

● **真偽値を数値にする**

　条件式が複雑になると、if 文で列挙して判断するのは難しいので、もっとよい

方法を考えてみましょう。先ほどの if 文の条件において、「True を 1、False を 0」に変換してみます。こうすると、「3 つ以上が True」は「足したら 3 以上」に変わります。

```
if((x1 + x2 + x3 + x4 + x5) >= 3){
    ...
}
```

and も or も同じ形で表現できます。実は、プログラムでは「True は 1 として、False は 0 として」扱われます。プログラミングでは、このように式などの「値」を確定させることを「式を評価する」と呼びます。したがって、複雑な条件を式で評価すると、次のように表現できます。

```
#条件x1, x2, ..., x5のすべてがTrue
x1 and x2 and x3 and x4 and x5
  = 足したら5以上

#条件x1, x2, ..., x5の3つ以上がTrue
x1 or x2 or x3 or x4 or x5
  = 足したら3以上

#条件x1, x2, ..., x5のどれかがTrue
x1 or x2 or x3 or x4 or x5
  = 足したら1以上
```

これを整理し、右辺を揃えると次のようになります。

```
#条件x1, x2, ..., x5のすべてがTrue（弱い）
 (1/5 * x1 + 1/5 * x2 + ...) >= 1

#条件x1, x2, ..., x5の3つ以上がTrue
 (1/3 * x1 + 1/3 * x2 +...) >= 1

#条件x1, x2, ..., x5のどれかがTrue（強い）
 (1 * x1 + 1 * x2 + ...) >= 1
```

● 強さ＝重み

　if 文における真偽値を数値として扱い、右辺が 1 になるように揃えてみると、条件の「強さ」のようなものが係数(重み)の大きさとして表現されたことになります。どの条件に「重み」を置くかを決めることが可能ということです。たとえば、「雨が降っている」は、「天気予報によると降り続くようだ」よりも「強い」条件とするには、係数を大きくすればよいことになります。

　それでは、次のようなとても複雑な判定条件を式で表現するにはどうすればよいでしょうか。

```
「条件x1、x2、...x5のすべてがTrue」
または「条件x6、x7、...x10の3つ以上がTrue」
または「条件x11、x12、...x15のどれかがTrue」
```

　答えは、次のようになります。

```
(1/5*x1 + 1/5*x2 + ... + 1/5*x5) +
 1/3*x6 + 1/3*x7 + ... + 1/3*x10) +
 1*x11 + 1*x12 + … + 1*x15) >= 1
```

　つまり、重みは条件ごとに異なってもよいわけです。これは、どの条件に「重み」を置くかを決めることが可能ということです。たとえば、「雨が降っている」は、「天気予報によると降り続くようだ」よりも「強い」条件とするには、係数を大きくすればよいことになります。

　これらをまとめると、次のようになります。

多くのパラメータを評価する必要がある複雑な課題がある
↓
真偽値の True を 1 に、False を 0 にし、条件の強さを重みにして掛け合わせ、足し合わせる
↓
and や or の組み合わせでは苦労するような複雑な条件を記述できる

第 2 章　AIの基礎知識

ここまでは、例として「1/5」や「1/3」や「1」といった任意の重みを指定してきましたが、この調整を大量のデータをもとに自動化するというのが機械学習の考え方であり、手法なのです。

● Pythonによる実装例

最後に出てきた「プログラム」は、「ロジスティック回帰」という手法を使って学習できます。たとえば、正解データが手元にあれば、機械学習の実装に多く使われるプログラミング言語であるPythonを使って、次のようなコードで、判定条件を実装できます（変数y_predictに判定結果が格納される）。

```
from sklearn.linear_model import LogisticRegression
lr = LogisticRegression()
lr.fit(X,y)     # 学習データを投入すると重み付けを自動調整してくれる
y_predict = lr.predict(X_test)    # 重み付けの和を自動計算して判定してくれる
```

たとえば、週あたりの喫煙変数と飲酒量の組み合せと、結果として「不健康なグループ」と「健康なグループ」に分かれた多人数のデータがあるとしましょう。それを上のプログラムで学習させることにより、喫煙変数と飲酒量を投入すれば、対象者が不健康か健康かを自動で分析できます。最近は、機械学習用のライブラリが標準で搭載される開発環境がPythonを始めとして多くの言語で用意されており、先にも挙げた「Google Colaboratory」といった研究・勉強において優秀な実行環境もあります。それらを使うことで、機械学習のさまざまなアルゴリズムを実装できます。もし、あなたがエンジニアであれば、試してみるとよいでしょう。

なお、この節は、サイボウズラボの西尾泰和さんのスライド[7]を参考にさせていただきました。

---

[7] https://www.slideshare.net/nishio/if-80195170

2-6 機械学習によるコンピュータビジョン[*8]

写真に写っている人物の顔を見つけることは、機械学習の「教師あり学習」の「分類」の問題として解くことができます。図2-4に示した写真は、「OpenCV」[*9]のカスケード分類という機械学習モジュールを使って人の顔と目を検出した結果です。

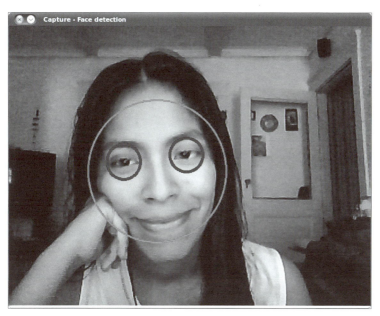

図2-4　OpenCVによる人の顔と目の検出
出典：OpenCV（https://docs.opencv.org/2.4/doc/tutorials/objdetect/cascade_classifier/cascade_classifier.html）

カスケード分類は、学習時に抽出する特徴量を次の3種類から選ぶことができ、あらかじめ対象の特徴を学習させて作成した特徴量データを用いると、自動車やペットなど、さまざまな対象を検出できます。

[*8] コンピュータが、デジタルな画像や動画をいかに「理解できるか」を扱う研究分野のことです。
[*9] Intelが開発・公開したオープンソースのコンピュータビジョン向けライブラリです。C/C++、Python、Javaのインターフェイスが提供され、クロスプラットフォームな環境で動作する画像処理ライブラリとして、デファクトスタンダートの地位を確立しています。

①Haar-Like 特徴量

　物体の局所的な明暗差の組み合わせにより、画像を判別する

②LBP(Local Binary Pattern)特徴量

　物体の局所的な輝度の分布の組み合わせにより、画像を判別する

③HOG(Histogram of Oriented Gradients)特徴量

　物体の局所的な輝度の勾配方向の分布の組み合わせにより、画像を判別する

　OpenCVのリポジトリ[*10]には、既存の特徴量データとして「人の顔、目、眼鏡、全身、上半身、下半身、猫、車のナンバープレート」などのカスケードファイルが含まれています。

　検出処理の流れとしては、判定画像全体から一部を切り取って特徴量データと照らし合わせて判定していくことの繰り返しです。たとえば、人の顔画像であれば、目元に比べて頬の辺りが明るい色となります。このような明暗差による特徴を用いたものが「Haar-Like 特徴量」による分類であり、「これは顔である」「これは目である」「これは体である」という特徴量データを作成して教え込んでいくことなります。

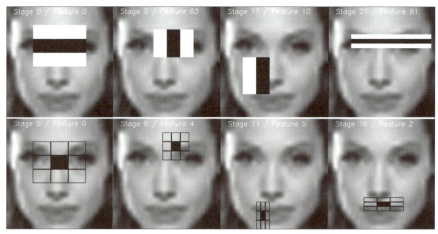

図 2-5　Haar-Like 特徴量、LBP 特徴量を用いて判定を行っている様子
出典：OpenCV(https://docs.opencv.org/trunk/dc/d88/tutorial_traincascade.html)

[*10] https://github.com/opencv/opencv

この手法の弱点は、正面の顔ではなかったり、顔の確度が垂直ではない場合（写真が回転している場合）に精度が低下する懸念があるところです。これらに対応するためには、「横顔はこう」「顔が傾いた場合はこう」といったように、それぞれの状況に応じた特徴を用意していく必要があります。つまり、さまざまなシチュエーションが想定される場合は、それに対応するだけの多くの特徴を、あらかじめ人間が考え出し、教え込んでいかなければならないということです。これは学習データが豊富に用意できれば精度は上がりますが、明暗差と輝度のいずれに着眼すべきかといった特徴とその正解については、人が教え込む必要があるということを意味しています。そして、この問題の解決は、ディープラーニングの登場により、コンピュータビジョンにおけるブレークスルーを与えたことにほかならないのです。

2-7　ディープニューラルネットワーク

　機械学習は、大量のデータから規則性や関連性を見つけ出し、判断や予測を行う手法です。そのためには、「色と形に注意」のように着目すべき特徴（特徴量）を人間が指定する必要があります。先にも触れたように、ディープラーニング（深層学習）は、機械学習を発展させた手法で、人間の脳神経回路をモデルにした多層構造アルゴリズム「ディープニューラルネットワーク」を用い、特徴量の設定や組み合わせをAI自身が考えて決定していきます。機械学習では、「色と形に注意」のように着目点を指示する必要がありましたが、ディープラーニングの場合は指示をしなくても自動で学習していきます。ただし、精度を高めるには大量のデータが必要になりますが、読み込ませるデータによって学習の方向性も変わるので、その質についても慎重に選ばなければなりません。

　皆さんは、図2-6の写真に写っている2種類の動物の名前を言い当てることができますか？　当たり前のように答えられるのは、皆さんが生まれてからこれまでに学習してきた脳

図2-6　2種類の物体（動物）が一緒に映っている写真の例

の神経回路の中に、犬と猫の特徴量を持つニューラルネットワークが構築されているからにほかなりません。

● ニューラルネットワーク

ディープラーニングの基本となる「ニューラルネットワーク」は、脳の神経回路の仕組みを模した分析モデルです。ニューラルネットワークは入力層、中間層（隠れ層）、出力層の3層から成り立ちます。中間層（隠れ層）では、1つ前の層から受け取ったデータに対し「重み付け」と「変換」を施して次の層へ渡します。

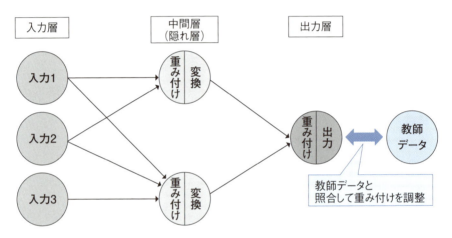

図2-7　ニューラルネットワーク（中間層が1層の場合）のイメージ

定義上は中間層（隠れ層）を2層以上に多層化したニューラルネットワークがディープラーニングと位置付けられています（現在では50層以上からなるニューラルネットワークを利用することも珍しくありません）。

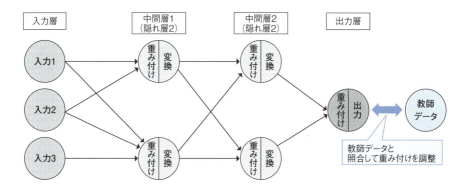

図2-8 ディープラーニング(中間層が2層)のイメージ

● パーセプトロン

生物学的神経を参考にして考案されたニューラルネットワークを構成する基本単位を人工ニューロンと呼びます。ここでは、ニューラルネットワークを理解するにあたり、パーセプトロンという人工ニューロンを紹介します。パーセプトロンは簡単な仕組みでありながら、機械学習・ディープラーニングの基礎となっています。

図2-9は、入力層と出力層のみの2層からなる、単純パーセプトロンを図に表したものです。

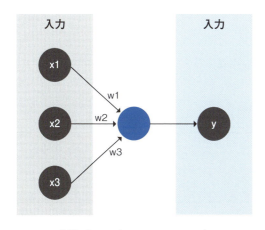

図2-9 単純パーセプトロンのイメージ

ある入力 x1 と x2 と x3 があり、それぞれの入力に対する重みによって出力 y が決まります。入力値には 0 または 1 を、出力値も 0 または 1 となるものとします。そして、重み w1、w2、w3 で、ノードの重要性をコントロールします。パーセプトロンを数式で表すと、次のようになります。

```
(x1 * w1) + (x2 * w2) + (x3 * w3) > b が成立すればyは1
そうでなければyは0

#bはしきい値（≒バイアス）
```

　ここでは話をわかりやすくするために、あなたがある場所に移動するときにタクシーを捕まえるかどうかについて考えてみましょう。捕まえる場合に出力 y は 1 となり、捕まえない場合は 0 となります。入力値 x には、捕まえるかどうかの判断材料を与えるものとします。

- ●雨が降っているか(x1)
- ●お酒を飲んだか(x2)
- ●長距離(10km以上)の移動であるか(x3)

　ここで、人やシーンによる重要性の違いをシミュレーションしてみましょう。もしも、あなたが傘を持っていれば、x1 の天気に関する条件は、それほど重要ではないかもしれません。また、あなたが出先までマイカーで来たのであれば、x2 の飲酒に関する条件はとても重要です。そして、あなたのお財布事情にゆとりがあれば、x3 の距離はさほど気にならないことでしょう。つまり、時と場合に応じて、判断材料の重要性は異なるため、その条件を一定値とするわけにはいかないということです。パーセプトロンでは、その点が考慮されており、ここで登場するのが「重み」（w）というパラメータです。傘を持っている人は「w1=1、w2=3、w3=5」と重み付けるでしょうし、マイカー保持者であれば「w1=1、w2=5、w3=1」と重み付けるでしょう。最後に、閾値(しきいち)を 5 に設定します。これらのパラメータ設定により、あなたの意思決定モデルを表すパーセプトロンが実装できたことになります。重みと閾値を変化させることで、さまざまな状況に応じた意思決定へと変化させることができます。たとえ

ば、閾値を3に変えてみると、より少ない条件で出力が1となります。これは、あなたはタクシーに乗りたがっていることを意味します。このように、パーセプトロンを用いると、重みや閾値を用いて、意思決定の度合いを調整できます。

　いくつかのパーセプトロンを束ねたものをレイヤーとし、さらにそのレイヤーを複数に重ね合わせたものが「ニューラルネットワーク」です。ディープラーニングは、ニューラルネットワークを構成するレイヤーが、入力層と、2つ以上の中間層と、出力層からなる、すなわち4層以上に組み合わせたモデルと位置付けられています。そして、あるレイヤーが1つ前のレイヤーに対して、重みの誤差をフィードバックする仕組み（「バックプロパゲーション（誤差逆伝播法）」）を採用することで、高次元な特徴量に対する重み付けを調整できるようになっています。

● ディープラーニングの代表的なアルゴリズム
CNN（Convolutional Neural Network）
　CNNは「畳み込みニューラルネットワーク」と訳され、主にコンピュータビジョンの分野で実用化が急速に進んでいます。ニューラルネットワークに「畳み込み」という操作を導入した手法です。中間層は主に畳み込み層とプーリング層を交互に繰り返すことでデータの特徴を抽出し、最後に全結合層で認識を行います。

　畳み込み層では、「フィルタ」と呼ばれる小さな特徴検出器の集まりが用いられます。個々のフィルタは画像全体の上をスライドしながら、「重み付き和」の計算を画像の部分ごとに行ないます。そして小さなフィルタそれぞれに対して、画像のどこに特徴が存在するかという反応の強さを示した特徴マップを作り出します。「プーリング」は、局所的に最大値（max pooling）や平均値（average pooling）をとる処理のことで、局所的なデータの不変性を獲得することを目的としています。

　本書では、第4章で、CNNを使った実装や、さらに細かくネットワークモデルの種類に触れています。

RNN（Recurrent Neural Network）
　RNNは「再帰型ニューラルネットワーク」と訳され、時系列データを扱うことのできるニューラルネットワークの一種です。時系列キーフレームを複数セッ

トで解析する動画分類や、自然言語処理・音声認識での言語モデルなどに使われます。このモデルの特徴は、中間層への自己フィードバックができる点にあります。たとえば、前時刻の層の出力を考慮して現中間層の出力を計算したり、次時刻の層の出力を考慮して現中間層へと両方向に情報をフィードバックできたりします。

　過去の入力パターンが学習できる一方で、GPUによる高速化の恩恵が受けられないというデメリットがあるため、最近ではCNNの持つ並列計算が可能な構造を部分的に取り入れた応用が考案されています。

LSTM（Long short-term memory）

　RNNには、長時間前のデータを利用しようとすると、誤差が消滅したり演算量が爆発的に増加するなどの問題があり、短時間のデータしか処理できませんでした。そこで、時系列データにおいて、RNNよりも長期のデータの特徴を学習できるモデルとして考案されたモデルがLSTMです。「長期短期記憶」と訳されます。

　RNNの中間層を「LSTM-Block」（状態を記憶するメモリセルと、記憶を制御する入力・出力・忘却ゲートからなる構造）に置き換えたもので構成しています。

AutoEncoder

　入力データを再現（デコード）することが可能な低次元の特徴を抽出（エンコード）できます。ノイズ除去、次元削減などに有効なニューラルネットワークです。また、ディープラーニングのブレークスルーが起きたといわれる2012年に話題を呼んだネットワークモデルの1つです。現在は、実用途としてAutoEncoderが直接使用されることはあまり多くはありませんが、デコード部分とエンコード部分で構成されるネットワーク設計は現在でも利用されています。

　2012年には、「Googleの研究チームによってコンピュータが猫を認識できるようになった」[*11]というニュースが驚きを持って報じられました。当時の記事では1万6,000個のCPUコアを用いて「self-taught learning（自己教示学習）」を行ったとされています。

---

*11　https://courrier.jp/news/archives/77158/

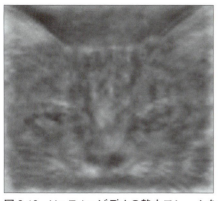

図 2-10　YouTube ビデオの静止フレームを使って訓練されたニューラルネットワークは猫の検出が可能になった

出典：Google（https://googleblog.blogspot.com/2012/06/using-large-scale-brain-simulations-for.html）

　当時、Google から発表された論文では、人の顔を認識し、再現できていることも言及されています。

図 2-11　学習データと生成された人の顔

出 典　Google（http://static.googleusercontent.com/media/research.google.com/ja//archive/unsupervised_icml2012.pdf）

GAN（Generative Adversarial Network）

　GAN は「敵対的生成ネットワーク」と訳され、生成器（Generator）と識別器（Discriminator）の 2 つのニューラルネットワークで構成されます。

　Generator と Discriminator の関係は、紙幣の偽装者（Generator）と、その

紙幣が偽装紙幣であるかを見抜く警察（Discriminator）の関係で表せます。偽装者はできるだけ本物の紙幣に近い偽装紙幣を作り出すことで、警察の目を騙そうとします。逆に、警察も目利きスキルを上げて本物の紙幣か偽物の紙幣かを見抜こうとします。このように、Generatorはできるだけ本物（オリジナル）に近い画像を生成し、Discriminatorはそれが本物の画像か否かを判定するという構造になっています。

これは「いたちごっこ」の関係にあり、より強い敵と競い合うことでスキルを高めていきます。GANが敵対生成ネットワークという呼び名になっているのも、この競い合いのことを指しています。

最近は、GANを使って実在しない人の顔写真を無限に生成できるWebサイト*12が公開されており、話題を呼んでいます。

図 2-12　生成した架空の人物

2-8　訓練を体験してみよう

ここまで、機械学習の仕組みと、ディープラーニングの概念を説明してきましたが、どうにもピンとこないかもしれません。そのためには、自分の手で実装を行って、体験してみるのが一番ですが、それには多くの時間と労力が必要だ

---

*12　https://thispersondoesnotexist.com/

ろうと懸念されるでしょう。でも心配は不要です。GoogleのShan Carter氏とDaniel Smilkov氏が開発をしたニューラルネットワークの仕組みを理解するための教育コンテンツである「TensorFlow Playground（別名：A Neural Network Playground）[*13]」を利用すると、Webブラウザだけでディープラーニングを動かしてみることができます。

ただし、先に示したような犬と猫を見分けるような学習モデルを作成するには、かなりの手間と時間がかかるため、より簡単なニューラルネットワークで体験してみましょう。ここで試してみるのは、図2-13に示した4つのデータから、その形状の特徴量を複数の層からなるニューラルネットワークに教え込むという作業です。事前にプロットされた2色の多点からなる、「1. 円状」のシンプルな形状、「2. 直線的に分割された4つのエリア」「3. 2つの円状の塊」といった少し凝った形状、「4. 渦巻状」といった直線や円では表現できない複雑な形状が訓練データとして用意されています。

ニューラルネットワークを訓練することで、これらの点がどのような規則に従って分布しているのか、特徴量を教え込んでみましょう。

図2-13　この中から訓練データを選ぶ

[*13] http://playground.tensorflow.org/

これから試す手順は、次のような内容です。

1. 訓練に使うデータセットを選ぶ
   デフォルトでは「円」
2. 特徴を選択する
   デフォルトで2つ選択されている
3. 中間層の数を決める
   デフォルトは2層
4. ノードの数を決める
   デフォルトでは、中間層の1層目が4ノード、2層目が2ノード
5. 実行する
   途中で訓練を止めたり、リセットとして始めからやり直すことができる
6. 結果を見る
   訓練の結果が表示される。ここのグラフが収束するかどうかで、うまく訓練ができているかの傾向を確認できる

Webページ上では、図2-14のような場所を操作・確認します。

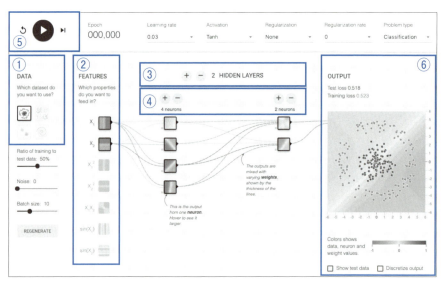

図2-14　TensorFlow Playgroundの画面

①訓練に使用するデータセットを選ぶ
②特徴を選ぶ
③中間層の数を決める
④ノードの数を決める
⑤実行する
⑥結果を表示する

　この状態ではニューラルネットワークに学習をさせていないため、右側のアウトプットは色分けができていない曖昧な状態です。ここから、左上のボタンを押下してトレーニングを実行していきます。
　そうすると、図 2-15 に示したように、訓練の回数が 100 ステップを超えたあたりで、かなりの精度でニューラルネットワーク上で形状がくっきりとしてくることが確認できるはずです（⑥の領域）。

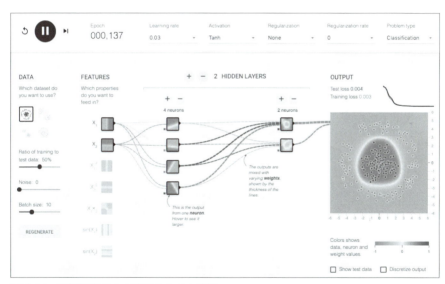

図 2-15　初期状態のまま訓練をさせた様子

　さらに訓練を続けると、右側の表示結果は、どんどん円に近づいていきます。
　では、もっと複雑な形状にチャレンジしてみましょう。インプットデータの右下の渦巻状の絵を選択し、訓練を開始します。

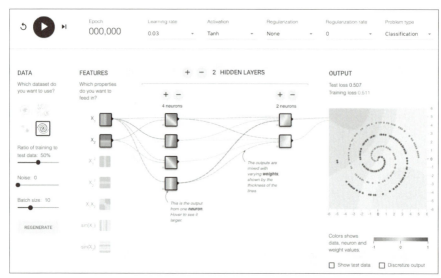

図2-16 より複雑な訓練データとして渦巻状を選ぶ

　この場合、訓練の回数が1,700を超えても、アウトプットはあまり明確にはなってきません。なぜでしょうか。

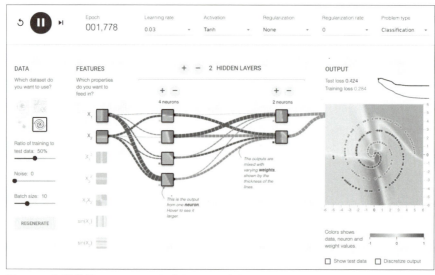

図2-17 初期状態のままでは、渦巻状はうまく学習できない

これは、特徴量や中間層の数、ニューロンの数により、期待する学習結果が得られていないことを意味します。パラメータを調整してみて、しっくりとくるパターンを見つけ出せたら、それが最適な学習済みモデルになるというわけです。
　ここでは、次のようなパラメータで、ある程度は渦巻状の切り分けが何となく表れてきました。

- 特徴量(FEATURES)：x_1, x_2, x_1^2, x_2^2, sin(x_1), sin(x_2)
- 活性関数(Activation)：tanh
- 学習率(Learning rate)：0.03
- 正則化(Regularization)：None
- 隠れ層(HIDDEN LAYERS)：3層(6, 5, 2)

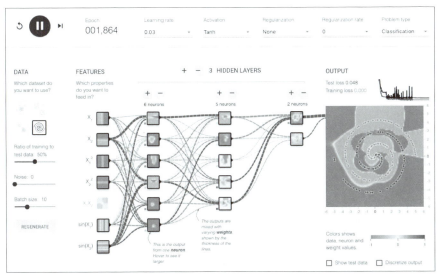

図 2-18　ニューロンと層を増やし、いくつかのパラメータを変更して訓練させた様子

　ここですべてを紹介しきれませんが、ノイズを含めるなど、このほかにもいくつかのパラメータが実装されています。いくつか変えて試してみると、直感的に感じられるヒントが得られるかもしれません。

COLUMN 「TensorFlow Playground」を手元のパソコンで動かす

　npm（Node.js を使う上で必要となるパッケージを管理するツール）が利用できる Linux などの環境であれば、容易にローカル環境で実行することができます。もちろん、Windows や macOS 環境、さらには「Windows Subsystem for Linux」でも動作可能です。

　エンジニアであれば、中身をのぞいてみると、非常に興味深いはずです。

```
# 適当なワーキングディレクトリで次のコマンドを実行
git clone https://github.com/tensorflow/playground.git   # リポジトリからソースコードを入手
cd playground
npm i            # 必要パッケージをインストール
npm run build    # アプリをコンパイルし、dist/ ディレクトリにデプロイ
npm run serve    # ローカルサーバを起動
```

第3章
AIプロジェクトの立ち上げ

AIのビジネス活用を進めるには、まずはAIの特性と制約を十分に理解し、活用領域において「できること」と「できないこと」、「得意なもの」と「不得意なもの」を見定めておく必要があることを説明しました。ここからは、筆者が経験してきた数々のAIプロジェクトをもとに、立上げに必要な要素を解説していきます。本章は、特にAIプロジェクトを導入・進行するマネージャー・ディレクター・新サービス企画立案者にとっては道標になるでしょう。もちろん、これからAIエンジニアを目指す開発者も、自分たちが実装するソフトウェアがどのようにビジネス活用されるのかをイメージするために有用なはずです。

3-1　AIを適用しやすい課題・しにくい課題
3-2　開発プロセス
3-3　契約モデルの違い
3-4　知的財産権
3-5　個人情報
3-6　見積り(PoCフェーズ)
3-7　見積り(製品開発)

3-1 AIを適用しやすい課題・しにくい課題

　突然ですが、日本全国にいくつの駅があるのか、知っていますか？　国土地理協会のデータ[*1]によると、現在は9,000を超える駅が存在しています。実は、その3〜40%が無人化されているそうなのです[*2]。生産労働人口の減少、そして、特にローカル線では鉄道利用者の減少と人件費のバランスを考慮すると、今後も無人駅は増加の傾向にあると予想できます。そうすると、駅周辺の安全性確保は、今後、強いニーズになると考えられます。

　そのような背景もあり、鉄道業界向けに駅のプラットフォームにおける人物の危険行動を検出し、駅係員にアラート通知を行う取り組みが実用化されようとしています。2017年10月よりJR九州の福岡県にある香椎線和白駅・筑豊本線二島駅で、2018年6月にはJR東日本水戸支社管轄の常磐線佐和駅で実証実験を行った旨が筆者の所属する株式会社オプティムよりプレスリリースされています。

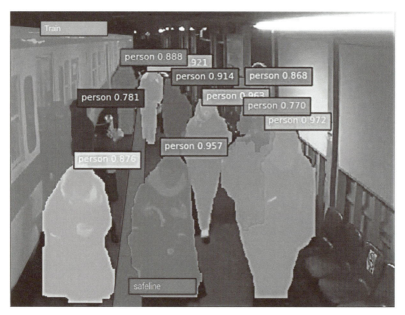

図3-1　福岡県内のとある無人駅のプラットフォーム映像のワンシーン
ディープラーニングフレームワーク「MXNet」上でセマンティックセグメンテーション用ネットワークモデル「FCIS」に物体「Train」を追加学習させ、人物を推論させている。「人間である」と推測されると、別々の色でマスクされて「person 正解の確率」というラベルが付けられる

AI導入に限ったことではありませんが、このような屋外での取り組みは、環境依存性の考慮が必要になります。たとえば、朝の通勤ラッシュ時は明るく、帰宅ラッシュ時は暗いというのは当然ですが、地域や季節によって日没の時間帯は変わるものであり、天候によっても光の加減は大きく違います。つまり、このような現場に人物の危険行動を察知するAIを投入する場合、教え込んだ学習データが特定の時期の明るい時間帯のものだけであれば、日が暮れた夜の時間帯ではうまく検出できなかったり、季節ごとに日の陰り方が異なるために誤検出の頻度が変動したりといった可能性があるのです。

　これらの実証実験では、季節ごとの新たなデータセットを投入し、ネットワークにさまざまなパラメータを与えて調整を繰り返すことで追加学習による精度向上をさせていきました。今後のAIプロジェクトでも同様の考慮が必要になるケースが多く発生することが予想されるので、参考になるでしょう。

　ここからは、AIに特有な制約を踏まえつつ、画像データを扱う課題解決の事例をもとに、実際のビジネスの現場でのAI導入のために配慮したい要点を紹介していきます。画像データを扱う案件でAIを活用するには、具体的には、次のような課題があります。

- 環境依存性
  季節や時間帯、天候など、環境変動がどの程度生じるのか。また、カメラの視点は固定・変動のいずれであるか。
- 必要とされる精度
  顧客は80％程度の正解率で満足するのか。人命に関わるサービスであれば、その精度は限りなく100％であることが求められる。
- データ入手の難易度
  学習用のデータセットのもとになるデータは、通常のカメラで撮影できるものであるか、もしくは特殊な機器を必要とするか。
- 汎用性
  構築した学習済みモデルは、複数の用途に応用が効くものであるか。

　それぞれについて、筆者が経験した具体的ニーズに当てはめ、表3-1にまと

---

*1 http://net.jmc.or.jp/digital_data_statistics_eki.html
*2 JR東日本の記事 (https://www.jreast.co.jp/development/tech/pdf_24/Tech-24-69-72.pdf)

めました。

　ここでは、AIの適用のしやすさをコストとリスクという観点から分析を行っています。ただし、相応のコストをかけてでも、その先に活路を見いだせるのであれば、そのチャレンジを止めるものではないことに注意してください。そもそもAIに完璧を求めることは現実的ではないことを考慮すれば、やるかやらないかと決める必要はないのです。「取り組みやすいところからやってみる」「試験的に導入してみる」「一部を置き換えてみる」といったような柔軟な対応が可能です。また、ここに挙げたニーズは、全体の一握りにすぎません。自分の関連する分野でAIを用いて解決が期待できる課題があれば、この表を参考に適用性を分析してみるとよいでしょう。

表3-1 AI導入のニーズ別に見た考慮すべき課題

ニーズ/適用度合い	活用する技術（複数）のディープラーニング	環境依存性	必要とされる精度	データ入手の難易度	汎用性
店舗にいる人数をリアルタイムに把握したい	物体検出と人物クラスタリングによるカウント	低い（屋内固定カメラ）	低い（80％程度でも活用可）	容易	○ さまざまな業種での適用が期待できる
総来店者数を把握したい	物体検出と人物クラスタリングとフレーム間のトラッキングによる出入り口の入退店数把握	低い（屋内固定カメラ）	低い（80％程度でも活用可）	容易	○ さまざまな業種での適用が期待できる
レジで会計した顧客の顔画像から、年齢・性別・国籍などの顧客層を把握したい	物体検出と人物クラスタリングによる属性把握	低い（屋内固定カメラ）	低い（80％程度でも有効）	困難（国籍までを把握するのは大変）	○ さまざまな業種での適用が期待できる
交通量をカウントしたい	物体検出と人物クラスタリングによるカウント	要注意（屋外固定カメラで、夜間が課題）	低い（80％程度でも有効）	容易	○ さまざまな業種での適用が期待できる
人物の特定の仕草（不審な行動）を把握したい	いくつかの組み合わせによる不審な状態の特定 ・姿勢推定による行動パターンの特定 ・物体検出と不審物（銃・ナイフ）のクラスタリングによる所有物特定 ・物体検出と人物クラスタリングとエリア判定による禁止エリアへの侵入特定	低い（屋内固定カメラ）	高い（誤検出は犯罪リスクが高まる）	困難	△ 個別の具体的ニーズ
工場の検査ラインを画像解析で自動化したい	領域抽出による不純物混入箇所の特定	低い（検査機器固定カメラ）	高い（検出漏れは顧客クレームにつながる）	困難（設備関係者でなければ入手困難）	△ 個別の具体的ニーズ
プラント設備の危険状態（バッチの締め忘れ、モノ置き忘れ）を把握したい	画像認識による状態の特定	低い（設備固定カメラ）	高い（人命に関わる）	困難（設備関係者でなければ入手困難）	△ 個別の具体的ニーズ
眼底写真・レントゲン写真・MRIなどの医療画像を分析したい	領域抽出による疾病箇所の特定	低い（検査機器固定カメラ）	高い（人命に関わる）	困難（医療関係者でなければ入手困難）	△ 個別の具体的ニーズ
農作物の病害を検出したい	領域抽出による病害箇所の特定	要注意（ドローンの飛行案件を定める必要がある）	高い（検出漏れは対処漏れにつながる）	困難（品種別に入手が必要。農学の知見も必要）	△ 個別の具体的ニーズ
自動運転のために道路上の状況をあらゆる視点から把握したい	領域抽出による車道・歩道の見分け。物体検出と標識クラスタリングによる走行ルール把握	高い（視点・時間帯・季節・道路状況といった環境に大きく左右される）	高い（人命に関わる）	困難（数多くのデータを入手する必要がある）	△ 個別の具体的ニーズ

第3章 AIプロジェクトの立ち上げ 57

3-2　開発プロセス

　AIプロジェクトを進めるにあたって困難なことは、開発を試みる前の時点で、どのようなものができ上がるのかがベンダー（開発者）・ユーザー（運用者）双方にとって予測しづらいという点です。つまり、「AIを導入してみなければ、その手法が有用であるかどうかわからない」ということです。それゆえ、従来のソフトウェア開発プロセスにおける一番最初の工程である「要件定義」の段階で躓いてしまう状況ともいえます。

　そこで、AIプロジェクトでは、仮説検証のプロセスを手厚くして、実現手法やKPIの設定方法を開発者と運用者の間で同意をとりながら進めていくことが効果的です。プランニング段階では、運用者のニーズを課題として捉えKPIを設定します。このタイミングで、AIに学習させるためのデータをどのように入手すればよいか、そしてそこで得たデータを用いれば学習済みモデルを構築できる見込みがありそうなのか、過去の事例を参考にして「アタリ」をつけながら整理をしていきます。モデル構築のためのインプット条件に見通しがつけば、フィールド実証の前に机上実証を別途設けるべきかなど、PoCフェーズで何をすればよいのかを具体的に掘り下げることができます。特に建設現場や医療現場、電力プラントなど、一般人が立ち入ることができない閉じられたフィールドでは、手軽に行える机上実証のフェーズを設けるべきどうかの方向付けはプランニング段階の重要事項なのです。

　PoCフェーズを終えると、そこで得られた結果から、当初想定していたKPIが達成可能な目標であるかどうかを確認し、運用者とともに事業性を判断することになります。そこでゴーサインがでれば、ここから実製品開発→導入・運用という流れになります。

　ここまでをまとめると、AIプロジェクトの計画立案の際には、「プロジェクトプランニング」→「PoC（机上実証→フィールド実証）」→「製品開発」→「導入運用」という段階を経るのが有用ということです。ここで注意しなければならないのは、このプロセスにカッチリと当てはめることが目的ではないという点です。やってみなければわからない課題に対して、少しずつ根拠性を積み上げつつ、いつでも方向修正ができるように運用者・開発者の双方のリスクコントロールの幅を設けておくことが本質です。

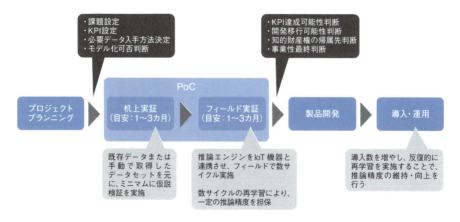

図3-2 AIプロジェクトの開発プロセス

● 学習済みモデルのライフサイクルマネジメント

　プロジェクト全体を通してAIに求める精度を維持・向上させるために、PoC段階では仮説検証を、製品開発・運用の段階では反復的に追加学習を繰り返していく流れが求められます。

　では、それぞれの仮説検証・追加学習が、どのようなサイクルで行われるかを見ていきましょう。

1. 収集（「生データ」を集める）
　　最初のステップは、データを収集するための手法の確立です。PoCフェーズの初期では、データを手動で採取する必要があります。ゆくゆくは、ネットワークカメラやセンサーをはじめとしたIoTデバイスから、学習モデルの構築に必要なデータを取得できるような手段を目指していきましょう。

2. 精査（「学習用データセット」を作成する）
　　データが収集できたら、次のステップは、データに対する各種補正（クレンジング）やアノテーションです。この精査によってアウトプットされたものが「教師データ」、すなわち学習用データセットとなります。

3. 学習（「学習用プログラム」を使って「学習済みモデル」を訓練する）
　　学習用データセットができれば、ディープラーニングなどのAI技術を用いてネットワークモデルを訓練していくステップへと移行します。この学習による計算結果によって、学習済みモデルが構築されます。

4. 配信

　学習済みモデルは、推論プログラムとともに、推論実行用のマシンに配信を行ってデプロイ（利用可能に）することで準備完了となります。推論実行用のマシンは、クラウドのインスタンスを使うこともあれば、現場にエッジコンピュータを配置することもあるでしょう。

5. 推論

　ここまできてようやく、AIを用いた推論処理が実施可能になります。結果がわかるのは、このステップです。ここで得られた実績をもとに、一番最初のステップに戻る形で、さらなる精度向上などの改善策を実施します。

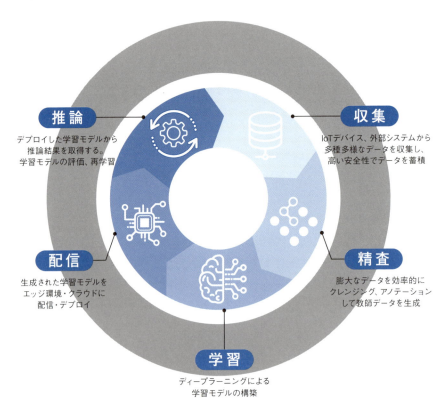

図3-3　AIプロジェクトの開発サイクル

　AIプロジェクトは、このサイクルを何度も回していって精度を高めていきますが、まさにPDCAと似た考え方なのがわかるでしょう。次に、この学習済み

モデルのライフサイクルマネジメントの各工程のインプット・アウトプットとして、どのような成果物が必要とされ、生み出されるかを見ていきましょう。各要素の説明は、「AI・データの利用に関する契約ガイドライン」（2018年6月15日・経済産業省）[*3]から抜粋し、要約したものです。

1. 学習段階（主にPoCフェーズ）
  ■生データ
    運用者（ユーザー）や開発者（ベンダー）、その他の事業者や研究機関などによって一次的に取得されたデータで、データベースに読み込むことができるように変換・加工処理されたもの。たとえば、ある事業者の事業活動から副次的に発生し、収集・蓄積されたデータが変換・加工処理を施されたものが該当する。生データは、欠測値や外れ値を含むなど、そのままでは学習を行うのに適していないものであることが多い。また、生成される学習済みモデルの内容・品質に大きな影響を及ぼす。
  ■学習用データセット
    生データに対して、欠測値や外れ値の除去といった前処理や、ラベル情報（正解データ）といった別個のデータを付加する、あるいはこれらを組み合わせて、変換・加工処理を施すことで、対象とする学習の手法による解析を容易にするために生成された二次的な加工データのこと。生データとは別個のデータ（「付加データ」と呼ぶ）を付加する場合、（このような付加行為を「アノテーション」とも呼ぶ）、生データと同様に、生成される学習済みモデルの内容・品質に大きな影響を及ぼす。しかし、付加データ自体は、生データから独立して学習に使われることはないという性質がある。そのため、生データと付加データが一体となったものを学習用データセットと考える。「教師あり学習」の手法を用いる場合は、前処理が行われた生データにラベル情報（正解データ）を合わせたものが学習用データセットに該当する。また、学習用データセットには、生データに一定の変換を加えて、いわば「水増し」されたデータを含むこともある（この手法はデータオーギュメンテーション（データ拡張）とも呼ぶ）。
  ■学習用プログラム
    学習用データセットの中から一定の規則を見出し、その規則を表現するモデ

[*3] http://www.meti.go.jp/press/2018/06/20180615001/20180615001.html

ルを生成するためのアルゴリズムを実行するプログラムのこと。学習用プログラムは、運用者(ベンダー)がすでに保有している場合もあれば、ゼロから作り上げる場合もある。また、学習用プログラムの開発では、OSS(オープンソースソフトウェア:ソースコードが一般に公開され、著作者により一定の範囲の利用が許諾されたソフトウェア)を利用することも多い。

■学習済みモデル (学習済みパラメータ + 推論プログラム)
「学習済みパラメータ」が組み込まれた「推論プログラム」のこと。

■ノウハウ

2. 利用段階(主に製品開発フェーズ)

■入力データ
「学習済みモデル」に入力することで、AI生成物を出力するためのデータのこと。学習済みモデルの利用目的にあわせて、音声、画像、動画、文字、数値など、さまざまな形態をとる。

■学習済みモデル (学習済みパラメータ + 推論プログラム)
上部記載に同じ

■AI生成物
「学習済みモデル」に「入力データ」を入力することで出力されたデータのこと。学習済みモデルの利用目的にあわせて、音声、画像、動画、文字、数値など、さまざまな形態をとる。

■ノウハウ

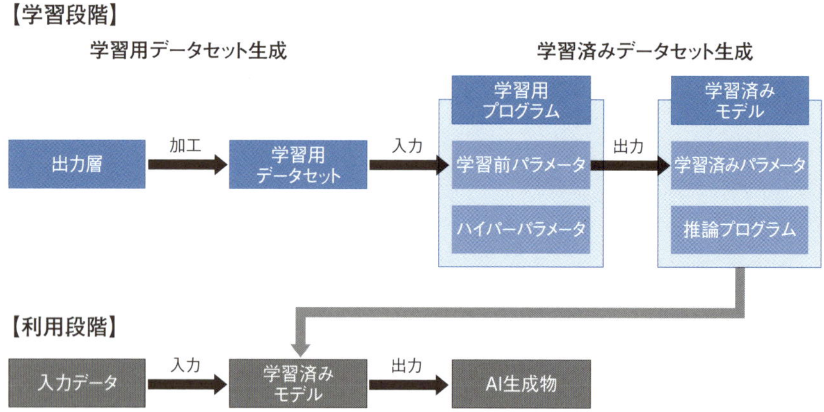

図3-4　学習段階・利用段階の流れ

このように、「学習済みモデル」は、「学習用データセット」の質が重要であり、「学習用プログラム」のパラメータによっても精度が変わってきます。そして、その「学習済みモデル」の質が、最終的な「AI生成物」の出来を左右することになります。このような学習済みモデルの性質は、ユーザやベンダーに対する権利帰属・利用条件や責任関係を考える際には、注意しなければならないポイントになります。

● 従来のソフトウェア工学との違い

「50,000,000」と「2,000」。この数字が何を意味しているか、わかりますか？前者がWindowsのソースコードのステップ数で[*4]、カーネル、ドライバ、標準アプリケーションなど、巨大な実行バイナリのもととなるプログラム群です。しかも、これはWindows Vistaの数値なので、現在のWindows 10であれば、それ以上になっていることは間違いありません。それに対して後者は、AlphaGo Zeroのステップ数です[*5]。その差は、なんと2万5千倍です。

これは、ソースコードによってシステムの動作を定義する「Software-Defined（ソフトウェア定義）」の世界から、大量データからの学習によってシステムの動作を定義する「Bigdata-Defined（ビッグデータ定義）」の世界にパラダイムシフトが生じているよい例といえます。AIを用いたシステムは、コンピュータの動作を大量データから帰納的に定義するものであり、ソースコードでプログラムを記述していく従来のソフトウェア開発テクニックを必ずしも流用できるとは限らないということに留意しておく必要があります。

従来までのソフトウェア開発プロセスとして、次のような手法をはじめとして、さまざまなものが提唱されています。

- ウォーターフォールモデル
  要件定義→基本設計→詳細設計→実装と行い、それと逆順に品質担保の工程を進める
- アジャイル開発モデル

[*4] 2006年9月4日版『日経コンピュータ』の「ニュース＆トレンド」より。
[*5] 「AlphaGo Zero」を汎化したプログラムである「AlphaZero」のレプリカ版（https://github.com/AppliedDataSciencePartners/DeepReinforcementLearning.git）のソースコードカウント結果に基づいて算出しています。

プロトタイプを早い段階で顧客に提示しつつ、新たな要求事項に柔軟に対応する

　ソフトウェア開発業務に携わった経験があれば、いずれかの経験があることでしょう。しかしながら、これらの既存の開発プロセスのみでは解決できないケースが生じるのが AI プロジェクトです。従来の手法にこだわることなく、システムの要件定義・動作保証・品質保証に新しい考え方を取り込む必要があります。開発を外部に託している場合、それらの考え方は、ユーザーとベンターとの間で取り交わされる「契約」という形式で、現実の課題として求められることになります。

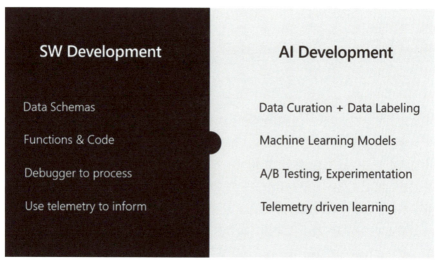

図 3-5　従来のソフトウェア開発と AI 開発の違い

　図 3-5 は、2018 年 9 月に米国フロリダ州オーランドにて行われた IT リーダーと IT プロフェッショナル向けのイベント「Microsoft Ignite 2018」で、Microsoft の AI 担当 CTO の Joseph Sirosh 氏によって説明された「従来のソフトウェア開発と AI 開発の違い」[*6]を表したスライドの 1 枚です。「SW Development(ソフトウェア開発)」と「AI Development(AI 開発)」をいくつか

＊6　https://myignite.techcommunity.microsoft.com/sessions/65388

の観点で比較をしています。その概要は、次のようなものでした。

- ■"Data Schemas" vs. "Data Curation + Data Labeling"
  ソフトウェア開発ではあらかじめデータ構造が定義されたデータスキーマとプログラムが必要であったことに対して、AI開発ではデータ収集とラベリング(アノテーション)を行う必要がある
- ■"Functions & Code" vs. "Machine Learning Models"
  システムの動作を決定づける根拠は、ソフトウェア開発では「ソースコード」なのに対して、AI開発では「学習済みモデル」
- ■"Debugger to process" vs. "A/B Testing, Experimentation"
  システムに不具合(バグ)が生じた場合は、ソフトウェア開発ではデバッガをプロセスにアタッチしてコードをステップ実行していたのに対して、AI開発では期待する結果が得られるまで繰り返しA/Bテストなどの実験的アプローチを行う
- ■"Use telemetry to inform" vs. "Telemetry driven learning"
  日本語に訳することが難しい表現だが、「演繹的」(ソフトウェア開発) vs「帰納的」(AI開発)と解釈できる。「演繹的」とはルール(大前提)から結論を導き出す思考の経路を示すことに対して、「帰納的」とは多くの観察事項(事実)から類似点をまとめ上げることで、結論を引き出すという論法のこと

3-3 契約モデルの違い

では、実際に運用者(ユーザー)が開発を依頼する場合、その契約は、どのように違ってくるのでしょうか。従来のソフトウェア提供のモデルとAIプロジェクトのモデルについて、それぞれ見ていきましょう。

● 従来のソフトウェア提供の契約モデル

従来のソフトウェア工学に基づいた開発業務を行う現場には、ユーザーの要望に対する成果物を提供する、いわゆる業務請負型の契約モデルが存在しています。次に挙げた項目は、筆者がこれまでソフトウェアを提供するにあたり、ユーザーとの間でよく利用してきた契約モデルです。ソフトウェア開発の業務経験者であれば、聞いたことや実践したことがあるでしょう。

A. 請負契約

自社で対応できない業務を、ほかの会社や個人といった外部に任せる契約です。受託者の視点では、顧客が求めるゴールにコミットメントする契約となります。成果物としては、たとえばソフトウェアの動作要件・品質要件を契約で定められた納期に約束するプロジェクトです。

目標に達しなかったり事前に打ち合わせしていた成果物を作成できなかったりした場合、受託した企業に対して何らかのペナルティが科せられることになります。成果物と期日の両方に対する拘束力を持ち合わせていることが特徴です。法律上は、請負に関する契約について記述されている民法に法的根拠を持つとされており、「請負契約」（民法第632条）や「委任契約」（民法第643条）が、これに該当します。

例：サービス提供をするA社、ソフトウェア開発をするB社がいたとする。A社はサービスを構成するためのソフトウェアを開発するスキルを持ち合わせないため、その業務をB社に1,000万円で納期は3カ月として依頼する（このとき、請負契約のもとで発注が行われる）。B社は約束通り、1カ月後にA社が定める仕様に則り、開発したソフトウェアをA社に納品する。以後、そのソフトウェアの知的財産権を始めとする権利はA社に移転される。仮に納品時にA社が指定した仕様を満たしていないなどの不具合が見つかった場合、瑕疵担保期間内であればB社は追加費用を請求することなく、不具合対応として解消を約束する必要がある。

B. 準委任契約

法律行為以外の事務処理を委任する契約です。裁量の有無で雇用契約と区別され（準委任契約では、受任者に裁量がある）、仕事完成の義務の有無で雇用契約と区別されます（準委任契約では、仕事完成の義務はない）。この契約で求められるのは「行為の遂行」だけであり、受任者には成果物に対しての責任は発生しないことになります。したがって、遂行した業務の成果物に対する保証・品質などの結果に対する責任を負わなくてよい点が大きな特徴です。

受任者の視点では、顧客が求めるスキルセット行使にコミットメントする契約ととらえてよいでしょう。すなわち、エンジニアの稼働時間を約束するプロジェクトにおいて、成果物に対するコミットメントは存在しない代わりに、途中で要件やスケジュールが変更された場合など、都度要望を取り入れつつ柔軟に対

応する能力が評価されます。

　法律上は、民法643条以降の「受注した業務に関して、『行為の遂行』を目指した契約」や民法第656条「委任者が法律行為でない事務の処理を受任者に委任すること」が、これに該当します。

　　例：先ほどと同様に、サービス提供をするA社、ソフトウェア開発をするB社がいたとする。A社はサービスを構成するためのソフトウェアを開発するスキルを持ち合わせないため、その業務をB社に3人（人月単価100万円）を3カ月間で計9人月（900万円）で依頼する（このとき、準委任契約のもとで発注が行われる）。B社は約束通り、3人を3カ月間、A社のプロジェクトに参加させ、A社の指示により、A社に代わってソフトウェアを開発する。開発されたソフトウェアの知的財産権はA社に帰属する。もしA社が望む仕様を満たしていなかった場合も、契約上、B社はその責任を追う必要はない。

C．ソフトウェアライセンス契約

　顧客が求めに対して、自社の著作物であるソフトウェアの利用権利を提供する契約です。ソフトウェアライセンス契約には、いくつかの種類があるので覚えておきましょう。

　■使用許諾契約

　　ソフトウェアを利用するにあたり、提供者が利用者に対して利用に関する条件を定める契約です。Windows、Office製品などを利用する際、使用許諾に同意した記憶があるでしょう。このときに表示される許諾が、マイクロソフトとユーザーとの間で締結されるソフトウェアライセンス契約といって差し支えないでしょう。

　　　ソフトウェアライセンス契約には、支払い方法や販売方法、ブランディングに応じて「ライセンス売り切りモデル」「サブスクリプション（従量課金）モデル」「ライセンスを再販売するモデル」「リブランドを行うためのOEMモデル」など、いくつかのパターンが存在します。たとえば、AI製品で従量課金や再販売を行う場合には、次のような契約モデルが必要とされます。

　　・サブスクリプション契約

　　　使用許諾に加え、決められた利用料金を一定期間ごとに支払う約束事を定める契約です。インターネット上で映画やドラマなどの動画配信サー

ビスや音楽配信サービスを定額(例：月額1,000円)で利用している読者も多いのではないでしょうか。これがサブスクリプション契約です。また、コンシューマーサービスのみではなく、ビジネス向けにも「Microsoft Office 365」や「Adobe Creative Cloud」など、多くのソフトウェアがこのモデルの契約を採用しています。

・サブライセンス契約

あまり聞き慣れない契約かもしれません。権利者から実施許諾を受けた実施権者が、さらに第三者に実施を許諾することをいいます。たとえば、A社が知的財産権を有するソフトウェアを、B社が(A社の代理店として)C社に販売する際に、A社とB社との間で締結する契約です。

D. 保守契約

「A. 請負契約」「B. 準委任契約」で開発したソフトウェアや、「C. ソフトウェアライセンス契約」のもとでパッケージ提供するソフトウェアに不具合(バグ)が生じた場合、その不具合を修正したり、ソフトウェアの不具合や使用方法に関する問い合せ回答(Q & A 対応)を行うための契約です。ソースコードを修正する場合があるため、そのソフトウェアを開発したベンダーが対応することが多い傾向にあります。契約内容としては、保守範囲・期間・契約継続性・オンサイト条件・サポート窓口(連絡先や時間帯)・支払い条件などの記載が挙げられます。

● AI プロジェクトにおける契約モデル

ディープラーニングを用いて訓練させたニューラルネットワークモデルや、機械学習を用いた回帰分析によって構築される予測モデルを含む成果物を顧客に提供するケースにおいて、どのような契約モデルが必要とされるかを見ていきます。ここからは、これまでのソフトウェア開発の概念にとらわれない考え方が提案の段階から必要となります。

はじめにお断りをしておきますが、法律に詳しくなる必要はありません。このような取り交わしがあるのだということを知識として持っておくことが大切です。そして、契約書類が必要になった際は、後述するサイトから雛形を入手して最低限の必要項目を手直しするだけでも、ある程度の契約をカバーできるはずです。所属する組織に法務部門があれば、ここで得た知識は彼らとコンセンサスを得るためのツールとして活用できるでしょう。ただし、本書の記述が何

らかの保証をするものではないので、正式な契約の際には専門家による確認が必要です。

「開発プロセス」で述べたように、AIプロジェクトでは、動作保証・品質保証をソフトウェア工学から担保する従来の開発手法では定義できません。したがって、「やってみて、精度がよければ採用する」という、いわばトライアンドエラーを許容しつつ、顧客にコミットメントすることが求められます。

そこで、先程述べた「A. 請負契約」「B. 準委任契約」「C. ソフトウェアライセンス契約」「D. 保守契約」のそれぞれが、何にコミットメントをしているのかに注目することが大切です。その上で、フェーズごとに次のように契約モデルを選択すると効果的です。

①プロジェクトプランニングフェーズ
- 成果物:プロジェクト提案資料
- 契約:秘密保持契約のみで事足りることが多い

②PoCフェーズ
- 成果物:精度検証結果報告書
- 契約:「B. 準委任契約」が望ましい。「A. 請負契約」が必要なケースは、学習済みモデルの精度保証はコミットの対象外とする。自社の著作物を取り込む場合は、別途「C. ソフトウェアライセンス契約」を準備する。
- 補足:早急に最低限の契約を準備したい場合は、前述の「AI・データの利用に関する契約ガイドライン」(2018年6月15日・経済産業省)に記載の「PoC段階の導入検証契約書(モデル契約書)」を活用をしてもよい。

③製品開発フェーズ
- 成果物:学習済みモデルを含むソフトウェア一式
- 契約:「B. 準委任契約」が望ましい。「A. 請負契約」が必要なケースは、学習済みモデルの精度保証はコミットの対象外とする。自社の著作物を取り込む場合は、別途「C. ソフトウェアライセンス契約」を準備する。
- 補足:早急に最低限の契約を準備したい場合は、前述の「AI・データの利用に関する契約ガイドライン」(2018年6月15日・経済産業省)に記載の「開発段階のソフトウェア開発契約書(モデル契約書)」を活用してもよい。

④運用フェーズ
- 契約:「D. 保守契約」を結ぶ。追加学習やソフトウェアの機能追加が必要な場合は、都度「A. 請負契約」または「B. 準委任契約」のもとで業務を遂行する。

3-4 知的財産権

　AIプロジェクトで開発を行うにあたっては、「知的財産権」が非常に重要になってきます。AIにおける付加価値の対象は、学習済みモデルを中心として、それを訓練するための学習用プログラム（前処理、ハイパーパラメータ設定、学習処理）などを指します。試行錯誤して訓練させた学習済みモデルが誰のものになるかはユーザー・ベンダー双方にとって大きな関心事です。なぜかといえば、知的財産権を誰が保有するかにより、その後のビジネスの方向性を大きく左右するからです。それゆえ、次のようなやり取りが発生することが多々ありますが、現在のところ、明確なルールが定まっているわけではないため、ケースバイケースで進めているというのが実際です。

ユーザー：学習に使うための生データはウチのものだし、勝手に他社の用途に使ってもらっちゃ困るよ。委託費用を支払っているのだから、当然、権利はウチにあるよね。

ベンダー：いやそれは困ります。学習済みモデルを訓練させるためのノウハウはうちにしかないのだから、その権利は当方にあるべきです。そして、他ユーザーからの投資回収はマストとさせてください。この開発にかかった人的コスト・インフラコストを含めて事業継続に十分な利益をとろうとすると、PoCがとても高額になってしまいますからね。

図 3-6　学習済みモデルの権利をめぐるやりとり

　学習済みモデルが市場流通するにあたり、付加価値のある学習済みモデルを保護するための制度の必要性や、学習済みモデルを他者に利用させた場合の動作保証といった責任の在り方、学習済みモデルを第三者が加工（二次加工、三次加工）したもので収益を上げた場合の収益の分配の在り方など、さまざまな観点からのルール整備が急ピッチで進められています。ここでは、先ほども参照し

た「AI・データの利用に関する契約ガイドライン」を参考に、これから数年間かけて徐々に市場浸透していくであろうAI知財ルールを先取りする形で理解を深めていきましょう。

そもそも「知的財産権」とは何なのでしょうか。特許庁の説明によると「知的創造活動によって生み出されたもの」とされており、「創作した人の財産として保護するための制度」が知的財産基本法という法律で定義されています。

> 「知的財産基本法」抜粋
> 第二条　この法律で「知的財産」とは、発明、考案、植物の新品種、意匠、著作物その他の人間の創造的活動により生み出されるもの（発見又は解明がされた自然の法則又は現象であって、産業上の利用可能性があるものを含む。）、商標、商号その他事業活動に用いられる商品又は役務を表示するもの及び営業秘密その他の事業活動に有用な技術上又は営業上の情報をいう。
> ２　この法律で「知的財産権」とは、特許権、実用新案権、育成者権、意匠権、著作権、商標権その他の知的財産に関して法令により定められた権利又は法律上保護される利益に係る権利をいう。

このうち、AIそのものの構成要素である「生データ」「学習用データセット」「学習用プログラム」「学習済みモデル」「ノウハウ」には、知的財産権の中でも特許権・著作権が有効になるものと考えられています。それぞれ、「AI・データの利用に関する契約ガイドライン」（2018年6月15日・経済産業省）および、「オープンなデータ流通構造に向けた環境整備」（平成28年8月29日・経済産業省）資料[*7]で、これに関する整理が行われているため、紹介していきます。

---

*7 http://www.meti.go.jp/shingikai/sankoshin/shomu_ryutsu/joho_keizai/bunsan_senryaku/pdf/008_s01_00.pdf

表 3-2　学習済みモデルの知的財産権

権利の種別	権利の性格	データ保護についての利用の可否
著作権	思想または感情を創作的に表現したものであって、文芸、学芸または音楽の範囲にぞくするものであることが必要（著作権法2条1項1号）	機械的に創出されるデータに創作性が認められる場合は限定的
特許権	自然法則を利用した技術的思想の創作のうち高度のもので、産業上利用ができるものについて、特許権の設定登録がされることで発生する。新規性および進歩性が認められないものについては特許査定を受けることができない（特許法2条1項、29条1項、66条1項）	データの加工・分析方法は別として、データ自体が自然法則を利用した技術的思想の創作のうち高度のものであると認められる場合は限定的
営業秘密	①秘密管理性、②有用性、③非公知性の要件を満たすものを営業秘密といい、不正の手段により営業秘密を取得する行為等の法廷の類型の行為（不正競争）がなされた場合に、差止請求および損害賠償請求または刑事罰が認められる（不正競争防止法2条6項、同条1項4号ないし10号、3条、4条、21条、22条）	左記①から③の要件を満たす場合には、法的保護が認められる

表 3-3　本書の用語との関連性

	特許権	著作権	営業秘密 （不正競争防止法）	一般不正行為
生データ	×	△	○	×
学習用データセット	×	○	○	×
学習用プログラム （前処理、ハイパーパラメータ設定、学習などの処理）	○	○	○	×
学習済みモデル	△	○	○	×
利用のためのプログラム（アプリケーション）	○	○	○	×

○:可能性あり、×:可能性なし、△:可能性低い

　この表を参考にすると、著作権で保護が認められる対象は「学習用データセット」「学習用プログラム」「利用のためのプログラム（アプリケーション）」であり、「生データ」「学習済みモデル」については場合によって認められる可能性ありということになります。ちなみに「学習済みモデル」がケースバイケースとなる理由は、実態が行列といった単なる数値などのデータに過ぎず、知的財産権の対象とならないことが少なくないと考えられるからです。このような場合には、そもそも持分を主張することができないと考えられます（ただし、「推論プログラム」

を含んだ意味として学習済みモデルと呼ぶ場合は、その限りではありません)。先ほどのユーザーとベンダーの掛け合いのように、負わなくてもよいリスクを負ってしまったり、協業相手を必要以上に束縛してしまうといった落とし穴にはまらないようにするためには、どのような考慮が必要なのでしょうか。

その鍵は、それぞれの対象物に対して利用条件を明確化することにあります。たとえば、著作権の帰属先がユーザーであったとしても、複製・改変して再販売することがベンダー側に許可されれば、双方が納得できる落としどころにできます。ベンダーとしては、実質的に著作権を有していると同じ状況を作り出せたということです。利用条件に関する主な交渉ポイントは、次のとおりです。なお、これらのすべての設定が可能であるとは限らないため、交渉の進め方は状況によるということを念頭に置き、相手とのコミュニケーションをうまく進めるための情報源として活用を考えましょう。

①利用目的(契約に規定された開発目的に限定するか否か)
②利用期間
③利用態様(複製、改変およびリバースエンジニアリングを認めるか)
④第三者への利用許諾・譲渡の可否・範囲(他社への提供(横展開)を認めるか、競合事業者への提供を禁じるか)
⑤利益配分(ライセンスフィー、プロフィットシェア)

実は、これらの観点はAIに関係のない一般的なシステム開発においても有用です。交渉を行うにあたって、考え方を整理するための表を掲載します。筆者は、実際の業務でこの表を利用していますが、ノウハウにあたる項目を「推論結果表示のUIプラグイン開発」など、AI以外の具体的な成果物に置き換えてみると整理がしやすいと感じています。実際のAIプロジェクトで交渉が生じそうな場合は、ぜひ活用してみてください。

表3-4 AI成果物の利用条件の整理表

利用条件のポイント			知的財産権の帰属先	1 利用目的	2 利用期間	3 利用態様	4 第三者への利用許諾・譲渡の可否・範囲	5 利益配分
			ユーザー or ベンダー	契約に規定された開発目的に限定するか否か		複製、改変およびパースエンジニアリングを認めるか	他社への提供(横展開)を認めるか、競合事業者への提供を禁じるか	ライセンスフィー、プロフィットシェア
成果物	学習段階	生データ						
		学習用データセット						
		学習済みモデル (学習済みパラメータ+推論プログラム)						
		ノウハウ						
	利用段階	入力データ						
		学習済みモデル (学習済みパラメータ+推論プログラム)						
		AI生成物						
		ノウハウ						

● オープンソースライセンス

　これまで触れてきた AI プロジェクトにおける成果物を開発する際、ゼロからすべてを実装することは非現実的であるため、何らかのライブラリやフレームワークをもとに開発を進めることがほとんどです。たとえば、「学習用プログラム」としては、DNN フレームワークである「TensorFlow」[*8]や「Caffe」[*9]、「Chainer」[*10]などのオープンソースソフトウェアがあります。そのほかにも「推論プログラム」「利用のためのプログラム（アプリケーション）」における物体追跡のためのモジュール、AI 生成結果を 1 つのアウトプットに統合するためのレンダリングモジュールなど、さまざまな仕組みが必要になります。これらをオープンソースソフトウェアで実現する例も多いため、ビジネスで活用する場合は、製品をリリースする前にライセンスを意識しておきましょう。AI を取り込んだシステムは、クラウド上から SaaS 形式・WebAPI 形式で提供するパターンと、エッジコンピュータをオンプレミス構築（ユーザーの自社物件やデータセンターなどに設置・導入）する方式に分かれます。このとき、前者のクラウド上で提供するパターンであれば、ソフトウェアはサーバにしかなく、ユーザーにソフトウェアを配布しているわけではありません。それに対して、後者のエッジコンピュータをオンプレミス構築する方式では、ユーザーに対してハードウェアに組み込む形でソフトウェアを配布する行為に相当します。このような場合、GPL またはそれに類するライセンスのオープンソースソフトウェアを含んでいれば、関連するソフトウェアのソースコード開示義務が生じてしまう可能性があるので注意が必要です。

　オープンソースライセンスは、大きく、コードの開示義務がないもの（寛容的）と開示義務があるもの（互恵的）と、デュアル（マルチ）ライセンスに分類されます。企業がオープンソースソフトウェアを公開している場合、どのライセンスを選択し、どこまでを公開範囲にしているかを把握することは、その企業戦略の理解につながるともいえるでしょう。

　この話題には、さまざまな事情が絡み合っていて、法律的な側面も持っており、1 冊の書籍になってしまうため、本書ではこれ以上詳細を解説することは控

[*8]　https://www.tensorflow.org/
[*9]　http://caffe.berkeleyvision.org/
[*10]　https://chainer.org/

えます。代わりに、オープンソースライセンスの最新トレンドを踏まえてよくまとめられている文書・書籍を紹介します。チェックしておくとよいでしょう。

- 一般財団法人ソフトウェア情報センター「IoT時代におけるOSSの利用一と法的諸問題Q&A集」
  https://www.softic.or.jp/ossqa/
- IPA「OSSライセンスの比較および利用動向ならびに係争に関する調査報告書」(2010年5月) https://www.ipa.go.jp/osc/license2.html
- 『OSSライセンスの教科書』
  上田 理 著、岩井久美子 監修／技術評論社／ISBN978-4-297-10035-3／2018年8月

3-5 個人情報

　日本では2017年5月30日に改正個人情報保護法が全面施行され、EUでは新しい個人情報保護の枠組みとしてGDPR(General Data Protection Regulation: 一般データ保護規則)が2018年5月25日に施行されました。今後、AIやビッグデータを取り巻く界隈は、個人情報保護において、より一層厳格な管理が求められるでしょう。学習済みモデルのライフサイクルマネジメントを行うには、学習段階および利用段階において、それぞれデータ取得を行う必要があります。ここでは、そういった収集対象のデータに個人情報が含まれていた場合、どのような点に気をつければよいのかを解説していきます。

　まずはじめに、個人情報の定義を確認しておきましょう。個人情報保護法2条1項に記載がありますが、ここでは解説文として読みやすく書かれている『個人情報保護法ハンドブック』[*11]から引用します。

> 個人情報とは
>> 個人情報とは、生存する個人に関する情報であって、氏名や生年月日等により特定の個人を識別することができるものをいいます。
>> 個人情報には、他の情報と容易に照合することができ、それにより特定の個人

[*11] https://www.ppc.go.jp/files/pdf/kojinjouhou_handbook.pdf

を識別することができることとなるものも含みます。

POINT!

たとえば、「氏名」のみであっても、社会通念上、特定の個人を識別することができるものと考えられますので、個人情報に含まれます。また、「生年月日と氏名の組合せ」、「顔写真」なども個人情報です。

個人識別符号も個人情報に当たります。

「個人識別符号」とは

改正法においては、個人情報の定義の明確化を図るため、その情報だけでも特定の個人を識別できる文字、番号、記号、符号等について、「個人識別符号」という定義を設けました。個人識別符号は、政令や規則で限定的に列挙されています。

POINT!

たとえば、以下のものが「個人識別符号」に当たります。
① 生体情報を変換した符号として、DNA、顔、虹彩、声紋、歩行の態様、手指の静脈、指紋・掌紋
② 公的な番号として、パスポート番号、基礎年金番号、免許証番号、住民票コード、マイナンバー、各種保険証等

「個人情報データベース等」、「個人データ」、「保有個人データ」とは

個人情報をデータベース化したり、検索可能な状態にしたものを「個人情報データベース等」といいます。

「個人情報データベース等」を構成する情報が「個人データ」です。

「個人データ」のうち、事業者に修正、削除等の権限があるもので、6ヶ月以上保有するものを「保有個人データ」といいます。

「氏名」はもちろんのこと、「生年月日と氏名の組み合わせ」、「顔写真」も個人情報であり、さらにはDNA、顔、虹彩、声紋、歩行の態様、手指の静脈、指紋・掌紋、パスポート番号、基礎年金番号、免許証番号、住民票コード、マイナンバー、各種保険証など、個人識別符号にあたるものも個人情報と定義されています。

AIサービスでは、顔画像を集計してマーケティングデータに活かしたり、同じく顔画像によって個人識別を行うことで、顧客満足度向上や防犯対策などを

実現したい場合があります。また、音声認識を使って話者特定を行うなども、気をつけたいケースでしょう。ここからは、AI プロジェクトの中でも課題として挙がりやすい、ディープラーニングを使った顔画像による属性分析、個人識別を例に、サービス提供時の注意点について考えてみましょう。

● 学習段階での個人情報利用

　学習用データセットを作るための生データとして顔画像などの個人情報を扱う場合、その利用用途が学習済みモデル作成に限定される場合は、統計データの作成と同じものと解釈され、利用目的の特定が不要とされることがあります。したがって、取得時に学習データとしての利用を目的として特定していない場合であっても、本人同意を得ないで活用できることがあります。ただし、学習用データに利用される個人情報自体については、適正取得(個人情報保護法 17 条 1 項)などの個人情報保護法に定められる適切な取扱いが求められることに注意が必要です。

● 利用段階での個人情報利用

　推論プログラムにインプットするための入力データとして顔画像などの個人情報を扱う場合、利用目的をできる限り特定し、当該利用目的の範囲内でカメラ画像や顔認証データを利用しなければなりません。本人を判別可能なカメラ画像を撮影録画する場合は、個人情報の取得となるため、個人情報の利用目的をあらかじめ公表しておくか、または個人情報の取得後速やかに本人に通知もしくは公表することが必要です。

　また、再来店時に顧客特定を行うなどの用途で顔画像などから得られた特徴量を個人データベース化する場合は、顔画像を取得する手前で、ユーザーの同意を得ておく必要があると考えられます。

　ここではすべてのケースを網羅して紹介することができないため、次の文書をチェックしておくとよいでしょう。

- ● 個人情報保護法ハンドブック
  https://www.ppc.go.jp/files/pdf/kojinjouhou_handbook.pdf
- ● 個人情報保護委員会『「個人情報の保護に関する法律についてのガイドライン」及び「個人データの漏えい等の事案が発生した場合等の対応に

ついて」に関するＱ＆Ａ 』（平成30年12月25日更新）
https://www.ppc.go.jp/files/pdf/181225_APPI_QA.pdf
● 経済産業省「AI・データの利用に関する契約ガイドライン」
http://www.meti.go.jp/press/2018/06/20180615001/20180615001.html

3-6　見積り（PoCフェーズ）

　開発プロセス・契約・知的財産権の内容がイメージできたら、いよいよ見積りについての考え方を見ていきましょう。

　経営判断（投資回収判断）に向けておさえておくべきポイントは、PoC段階は初期投資額を、製品開発段階は初期投資に加えて運用を見据えた継続コストへの配慮を行うという点です。また、開発を委託する（される）場合、全体を通して、知的財産権がユーザーに帰属するのか、ライセンスとしてベンダーに帰属するのかにより、その名目や金額に差が生じる点には注意が必要です。

　こういった考慮ポイントをおさえつつ、AIプロジェクトのコストを見積る場合、どのような項目が最適であるのかを見ていきましょう。

● PoC（机上実証）

　PoCにおける机上実証フェーズの目的は、提示されている課題とAIを用いた解決策に対する仮説を検証し、現実的な落としどころを明確にすることです。期間の目安としては1〜3カ月でしょう。既存データまたは手動で取得したデータをもとに、ミニマムに仮説検証を実施することが主な活動内容です。実証を目的とした学習用プログラムの実装、学習用データセットのアノテーション、推論の実行を数サイクルまわした結果を報告します。このときの見積り項目は、次のようなものが挙げられます。

①AIエンジン開発

　収集、精査、学習、配信、推論を最低限の工程で、机上で実現するためのコスト。次の積み上げで構成する。

- 収集：「インターネット上のオープンなデータ」「顧客が持つ既存データ」「顧客の実フィールド上でのサンプリング取得」のいずれか、または複数

の手法で生データを入手するための作業
- 精査：生データのクレンジング、アノテーションといった学習用データセットを作成するための作業
- 学習：学習用プログラム作成の開発作業。指定がない場合は、オープンソースで配布されている既存のディープラーニングのフレームワーク、ネットワークモデルの見当をつけておく。学習に必要なマシンリソースも考慮に含める
- 配信：机上実証フェーズにおいては、開発者のマシンのローカル環境で推論をするのみで十分な場合がほとんどであるため、配信のための仕組みは不要
- 推論：収集・精査・学習のパターンをいくつか組み合わせつつ、複数サイクルを推論させるための作業

②精度検証結果報告書の作成

　PoCで期待する目標値に対する精度達成度合いをドキュメンテーションするための作業。今後の精度向上、製品化に向けた改善事項抽出と提案が考察できるようであれば、それも含める。

● PoC（フィールド実証）

　PoCにおけるフィールド実証フェーズの目的は、AIの推論プログラムを用いて課題を解決できるかを実際のフィールド（小売店舗や製造工場、電力プラント、病院内など）に仮説検証用の簡易的なシステムを導入して実証することです。期間の目安としては1～3カ月ですが、システム連携を伴う場合は、さらに長い期間を確保することもあります。推論エンジンをリアルタイム系またはバッチ系のシステムとしてIoT機器と連携するための実装を行い、場合によっては基幹システムとの簡易的なつなぎ込みを行うことも想定されます。

　そして、実際のフィールドで数サイクル、追加再学習を行うところまでが主な活動内容です。一定の推論精度がどれだけ確保できたか、結果を報告します。このときの見積り項目は、次のようなものが挙げられます。

①ハードウェア

　フィールド実証専用の推論マシンを用意するためのコスト。求められる性能に応じてGPUなどの推論専用のハードウェアモジュールを搭載したもの

を選択する必要がある。エッジコンピュータまたはクラウド上のインスタンスとして用意する。

②フィールド環境構築

カメラなどのIoT機器を現場に設置し、疎通させる作業。既存ネットワークを流用できればそれを使い、インターネット回線を新設する必要があれば、ネットワーク回線工事も含める。

③AIエンジン開発

収集、精査、学習、配信、推論を最低限の工程で、実際のフィールドで実現させるためのコスト。次の積み上げで構成する。

- 収集：PoC（机上実証）と同様。
- 精査：PoC（机上実証）と同様
- 学習：PoC（机上実証）と同様。
- 配信：推論インスタンスにSSHなどを使って最低限のメンテナンスが実施できればよいことが多く、そこから学習済みモデル・推論プログラムをリモート（セキュリティ性が重視される設備であればオンサイト）でコピーするための作業。
- 推論：PoC（机上実証）と同様。

④AI生成物を扱うためのアプリ開発

推論結果を集計し、ダッシュボード表示・アラート通知などを行うためのアプリの開発作業。要望に応じて、Webアプリ、スマホアプリ、PCアプリ、または基幹システム連携モジュールなどの開発を実施することがある。ここは従来通りのソフトウェア開発におけるコスト算出手法を取り入れることになる。たとえば、画面数・データベーステーブル数など、ソフトウェアが持つ機能の数を定量的に算出するファンクションポイント法、最近はあまり見かけないがソースコードステップ数に応じたLOC法などを使って根拠付けを選択していく。

⑤精度検証結果報告書の作成

PoC（机上実証）と同様。

3-7 見積り（製品開発）

課題とAIを用いた解決策が仮説検証できたら、実際の製品としてAIエンジ

ンを導入していきます。限られた期間で完了するPoCとは異なり、導入数を増やし、反復的に追加学習を実施することで、推論精度の維持・向上を行うためのサービスとしての継続性が求められます。そのため、イニシャル(初期)とランニング(運用)に分けて、次のような見積り項目が挙げられます。

● **イニシャル**
①ハードウェア
　基本的にはPoC(フィールド実証)と同様。フィールドが野外などの過酷な環境においては、防塵用の筐体を選択するなどの考慮を含める。
②フィールド環境構築
　基本的にはPoC(フィールド実証)と同様。VPNの導入やSSL証明書による多要素認証などのセキュリティ上の考慮は必要に応じて含める。
③AIエンジン開発
　収集、精査、学習、配信、推論を、実際のフィールドで実現させるためのコスト。次の積み上げで構成する。
- 収集：基本的にはPoC(フィールド実証)と同様。追加学習用に新たな生データを使うため、一定期間格納する機構を用意することが多い。
- 精査：PoC(フィールド実証)と同様。
- 学習：PoC(フィールド実証)と同様。
- 配信：一定のサービスレベルを担保するために必要となる死活監視、再起動などの制御、学習済みモデル・推論プログラムやOS・ミドルウェアのセキュリティパッチを配信するためのデバイス管理機構を導入しておく。デバイス数が限られる場合は、PoC(フィールド実証)と同様でもよい。

④AI生成物を扱うためのアプリ開発
　基本的には、PoC(フィールド実証)と同様。サーバサイドシステムにおいては、サービスレベルに応じて、冗長化構成をとることがある。
⑤導入作業完了報告書の作成
　要望通りの構成が構築できたこと、一定の精度が出ることが確認できたことをドキュメンテーションするための作業。必要に応じて、今後の追加学習のための業務フロー案内を含めておく。

● ランニング
①AIエンジン保守
　精度維持のための定期監視、機器チューニング(カメラの設置確度や各種パラメータなど)、追加学習、推論インスタンスへの新たな学習済みモデルの配信など。開発側(ベンダー)が行うケースのほか、業務手順書を作成した上で運用側(ユーザー)に引き継ぐことも想定される。
②ソフトウェアライセンス
　知的財産権をベンダーが有するモジュールの利用費用。
③ハードウェア保守
　カメラなどのIoT機器、推論インスタンスのためのエッジコンピュータなどの故障対応。
④クラウド利用
　「推論インスタンス」や「AI生成物を扱うためのアプリ」など、クラウド上に構築されたシステムの維持。クラウドインスタンス費用や、必要なソフトウェアのバージョンアップ作業、年に何回かは発生するであろうOS・ミドルウェアのセキュリティパッチ対応を想定しておく。
⑤オンサイト保守
　トラブル発生時、リモートでの対応が困難な場合を想定した対応。一回あたりの対応コストが大きい、オンサイト回数が多いような場合は、インシデント制として、上限を超えた場合は追加コストとする場合もある。
⑥技術問い合せ窓口
　トラブル発生時、電話・メールによる問い合せ窓口。初回切り分けを行い、事象ごとに「ハードウェア保守」「クラウド保守」「オンサイト保守」の適切な対応を促す。

参考までに、著者が使っている見積りフォーマットを表3-5に示します。なお、数値や備考内容は架空のものであり、実態とは異なります。

表 3-5 見積りフォーマットの例

ニイシャル費

No	項目		値	単位	備考
1	ハードウェア		200	万円	推論マシンを用意するためのコスト
2	フィールド環境構築		50	万円	カメラなどの IoT 機器を現場に設置し、疎通させる作業コスト
3	AI エンジン開発	収集	50	万円	生データを入手するための作業コスト
4		精査	50	万円	クレンジング、アノテーションといった、学習用データセットを作成するための作業コスト
5		学習	50	万円	学習用プログラム作成の開発作業コスト
6		配信	100	万円	学習済みモデル・推論プログラムをリモート(セキュリティ性が重視される設備であればオンサイト)でコピーするための作業コスト
7		推論	-	万円	収集・精査・学習のパターンをいくつか組み合わせつつ、複数サイクルを推論させるための作業コスト。導入作業完了報告書に含める
8	アプリ開発		400	万円	推論結果を集計し、ダッシュボード表示・アラート通知などを行うためのアプリの開発作業コスト
9	導入作業完了報告書		100	万円	精度達成度合いをドキュメンテーションするための作業コスト
	合計		1,000	万円	

ランニング費

No	項目	値	単位	備考
1	AI エンジン保守	2.1	万円 / 月	精度維持のための定期監視、機器チューニング(カメラの設置確度や各種パラメータなど)、追加学習、推論インスタンスへの新たな学習済みモデルの配信など
2	ソフトウェアライセンス	10	万円 / 月	モジュールの利用費用 ※学習済みモデル・推論プログラムの知的財産権がベンダーに帰属する場合に限る
3	ハードウェア保守	1.7	万円 / 月	カメラなどの IoT 機器、推論インスタンスのためのエッジコンピュータなどの故障対応
4	クラウド利用	3.3	万円 / 月	「推論インスタンス」や「AI 生成物を扱うためのアプリ」など、クラウド上に構築されたシステムの維持
5	オンサイト保守	−	万円 / 月	トラブル発生時、リモートでの対応が困難な場合を想定した対応コスト
6	技術問い合せ窓口	5	万円 / 月	トラブル発生時、電話・メールによる問い合せ窓口
	合計	22	万円 / 月	
		265	万円 / 年	

「イニシャル費とランニング費」「委託とライセンス」は、見積り書を記載する際には、一目でわかるようにしておきます。このフォーマットでは、イニシャルとランニングは表が分かれていますし、「ライセンス」と明記されていない項目は「委託」です。なお、ここで挙げた見積り項目やフォーマットは、筆者が経験する中で生み出した手法です。したがって、どちらかというと開発側(ベンダー)寄りの見方になっています。つまり、「これが正解」というわけではなく、立場や案件で変わってくるものなので、自分の状況に応じてアレンジをしながら、最適解を見つけ出してください。

第4章
AIコーディングの基礎

本章ではディープラーニングによる推論プログラムをコーディングし、手元で実行結果を得られるところまで話を展開します。すでに訓練された学習済みモデルを利用するので、少ない手順でゴールに到達できます。本章はエンジニア向けに書かれた内容ですが、普段はソースコードに触れることが少ないビジネスレイヤーの方も、雰囲気を掴む目的で読んでおくことをお勧めします。ディープラーニングがどのようなアーキテクチャで実行されるのかを知っておくことは、マネージャー・ディレクター・サービス企画の立場でのアウトプット精度を高める経験となるからです。特に机上実証フェーズにおけるGoogle Colaboratoryを用いた手順は、プログラミングの知識がなくても実践できるので、ぜひチャレンジしてみてください。

逆に、ディープラーニング実装初心者に寄った内容であるため、すでに実装経験のあるエンジニアにとっては、物足りなく感じるでしょう。著者の所属するオプティムのエンジニアによる技術ブログ「OPTiM TECH BLOG」(https://tech-blog.optim.co.jp/)を確認してみてください。さまざまな視点からAI関連の最新技術をお届けしています。

4-1　既存の学習済みモデルを使った製品の例
4-2　身の回りのカメラのAI化
4-3　開発プロセス
4-4　フレームワーク、ネットワークモデル、学習用データセットの選択肢
4-5　クラウドAPIという選択肢

4-1 既存の学習済みモデルを使った製品の例

　筆者の所属する株式会社オプティムでは、2018年10月に「300種類を超える学習済みモデル適用メニューを備えた『OPTiM AI Camera』」をリリースしました。これは、店舗や施設など業界別・利用目的別に設置されたさまざまな種類のカメラをインプットソースとして、マーケティング、セキュリティ、業務効率などに対する課題のディープラーニングや機械学習による解決を支援するパッケージ製品です。

図4-1　「OPTiM AI Camera」のメニュー例

　ディープラーニングによる推論は、図4-2のように、現場に置かれたエッジコンピュータで実行され、推論結果がインターネット上にあるオプティムのクラウドサーバにアップロードされます。そして、そこに集まった時系列データを機械学習などを用いて分析し、予測する機能を実現しています。

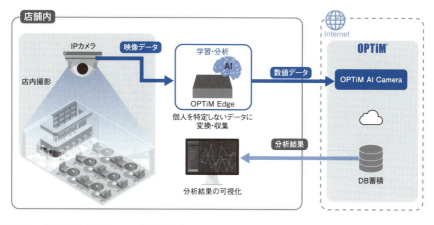

図 4-2 「OPTiM AI Camera」の仕組み

　カメラで捉えた人・モノの動きを AI を使って検出し、単なる映像ではなく、意味のある値に変換します。たとえば、指定エリア内への人物の侵入を検出すると通知してくれる「侵入検出」、施設内に入った人数をカウントする「入店者数カウント」、カメラに映った人数をもとに混雑度合いを可視化する「混雑分析（レジ前など）」、指定エリア内の平均滞留時間等を分析する「滞在時間分析」など、映像という1つの入力フォーマットから、AI 推論によってさまざまなメタデータを抽出できます。

　そして、得られたメタデータはクラウドにアップロードされ、可視化されたデータとして Web ブラウザからリアルタイムで閲覧できます。

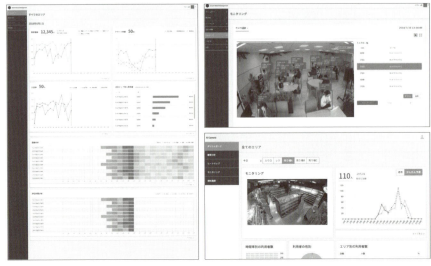

図 4-3 「OPTiM AI Camera」のダッシュボード

4-2 身の回りのカメラの AI 化

　ここからは、「OPTiM AI Camera」と同じように、動画・静止画やカメラ映像に対して物体検出などの機構を実装していきます。本来であれば、生データの収集、学習用データセットを準備するクレンジング・アノテーションといった作業が必要になります。しかし、それにはまとまった時間（工数）を確保しなければならないので、ここでは学習段階をスキップして、オープンソースで配布されている学習済みモデルを使った推論プログラムを活用して、手早く実装する手順を紹介します。

　今回は、学習済みの「Mask R-CNN」というモデルを利用して、一般物体検出、セグメンテーションを実装していきます。このモデルは「COCO データセット」によって学習を行ったものです。

● Mask R-CNN とは

　「Mask R-CNN」は「Convolutional Neural Network」（畳み込みニューラルネットワーク）の一種として、一般物体検出やセグメンテーションを実現する手法

で、2017 年に開かれた「International Conference on Computer Vision (ICCV)」[*1]で、「ICCV 2017 Best Paper」にも選出されました。2019 年 3 月現在、Keras[*2] および TensorFlow[*3] を用いた Python 3 による実装が MIT ライセンスで公開されています。リポジトリには COCO データセットによってトレーニングされた学習済みモデルが含まれるため、それを使ってすぐに試してみることができます。

図 4-4　Mask R-CNN のリポジトリに含まれるテスト画像に対する推論結果

● COCO データセットとは

　COCO データセットとは、Microsoft や Facebook がスポンサーを務める「COCO コンソーシアム」が提供している、物体検出・セグメンテーション・キャ

---

*1　コンピュータが画像や動画を理解し、人間の視覚機能の代行を目指す「コンピュータビジョン」という研究分野のトップカンファレンスです。隔年で開催されています。
*2　Python で記述されたオープンソースのニューラルネットワークライブラリです。数学や機械学習の専門知識を必要とせず、また、高度なプログラミングを行うことなく機械学習を実装できます。https://keras.io/
*3　Google が開発してオープンソースで公開している、機械学習のためのソフトウェアライブラリです。https://www.tensorflow.org/

プショニングが行われているデータセットです。

図 4-5　Coco コンソーシアム（http://cocodataset.org/）

330,000 枚の画像データに対して 80 種類もの物体を見分けられるようにラベル付けがされています。

- ●物体検出
  入力された画像や動画から物体を識別すること
- ●セグメンテーション
  検出した物体をピクセル単位で特定すること
- ●キャプショニング
  検出された物体の説明文

つまり、このデータセットを活用することで、新たに入力された画像や動画から物体を検出して、80 種類を超える物体を識別できるようになるということです。

図 4-6 検出可能な物体を確認するための「COCO Explorer」
(http://cocodataset.org/#explore)

4-3 開発プロセス

第三章で触れた AI の開発プロセスを実践的に理解できるように、次のようにフェーズを当てはめてみます。ここでは、クラウドを「机上」、手元のパソコン・スマートフォンを「フィールド」として想定しています。

① PoC（机上実証）
「Mask R-CNN」を用いた推論が本当に実行できるものかどうかをクラウド上で試す。
② PoC（フィールド実証）
身近なカメラデバイスを接続してリアルタイム推論をさせることが本当に可能であるかを、手元のパソコン、スマホを接続してみて、自分の目で動作を確かめる。
③ 製品開発フェーズ
各自で業務などに導入してみる。

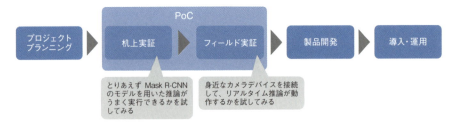

図4-7　AIプロジェクトの開発プロセスを試してみる

● **一般物体検出、セグメンテーションを実装する（机上実証）**

　まずは、Mask R-CNNのモデルを用いた推論がうまく実行できるかを試してみましょう。ここでは、クラウドで実行できる「Jupyter Notebook環境」である「Google Colaboratory」を使って試してみます。Jupyter Notebookは、Notebookと呼ばれる形式で作成したプログラムを実行し、実行結果を記録しながら、データの分析作業を進めるためのツールで、Webブラウザから Pythonで書かれたプログラムを実行できます。通常は、Jupyter Notebookを手元のパソコンにインストールしますが、Google Colaboratoryを使うことで、クラウド上で実行できます。

　では、進めていきましょう。準備（用意するもの）と手順は、次の通りです。なお、各種手順・ソースコードは2019年3月時点の情報であるため、関連ライブラリのバージョンアップなどによって内容が変わる可能性があります。OPTiM TECH BLOGの「AIBook」カテゴリ[*1]で随時更新していくので、うまくいかない場合は、こちらで最新情報を確認してください。また、本書に掲載しているソースコードは、サポートサイトおよびOPTiM TECH BLOGの「AIBook」カテゴリで配布しています。

> **準備**
> ●インターネットに接続されたパソコン（Google Chromeが動作する環境）
> ●Googleアカウント（Google Colaboratoryを利用するため）

---

*1　https://tech-blog.optim.co.jp/archive/category/AIBook

> 手順

①Google Colaboratory上で新しい実行空間を作成し、GPUを有効にする
②GitHubからMask R-CNNのソースコードを取得し、セットアップする
③GitHubからCOCO APIのソースコードを取得し、セットアップする
④COCOデータセットからMask R-CNN学習済みモデルをダウンロードする
⑤それを使ってサンプル画像を推論させ、結果を画面に表示する

① Google Colaboratoryの新しいドキュメントを作成し、GPUを有効にする

パソコンのWebブラウザで「https://colab.research.google.com/」を開きます。「Colaboratory」で検索してみてもよいでしょう。

図4-8 Google Colaboratoryで新しいドキュメントを作成する

図4-8のような画面になるので、右下で「PYTHON 3の新しいノートブック」を選択します。これでドキュメント空間が作成されます。今回はGPUを使うので、図4-9のようにして、メニューの「ランタイム」→「ランタイムのタイプを変更」を開き、「ハードウェア アクセラレータ」を「GPU」としておきます。

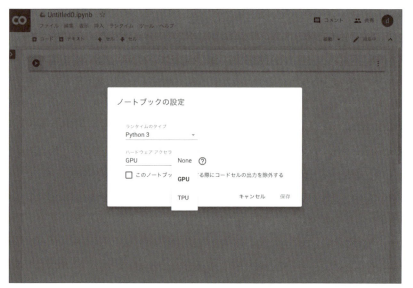

図4-9 「ハードウェア アクセラレータ」を「GPU」に設定する

② Mask R-CNNのソースコードを取得し、セットアップする

　GitHubからMask R-CNNのソースコードを取得します。Colaboratoryが提供する仮想マシン上の「/content」ディレクトリにソースがクローン（コピー）

されるようにします。それには、Colaboratoryのコマンドに次のように入力して、左にある実行ボタンを押すか、 Shift + Enter を押します。よくわからなくても、記載されているとおりに進めればできるはずなので、とにかくやってみましょう。

```
%cd /content
!git clone https://github.com/matterport/Mask_RCNN.git
```

図 4-10　GitHub から Mask R-CNN のソースコードを取得

次に、Mask R-CNN が必要とする「numpy」「tensorflow」「keras」などのライブラリを取得します。リポジトリに含まれる「requirements.txt」に記載されているので、Python のパッケージ管理システムの「pip」を使って、すべてインストールします。

```
%cd /content/Mask_RCNN
!pip install -r requirements.txt
```

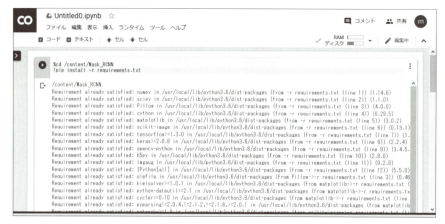

図 4-11　pip コマンドで必要となるライブラリをインストール

　最後に、次のようにして、リポジトリに含まれているセットアップスクリプト「setup.py」を実行します。

```
%cd /content/Mask_RCNN
%run -i setup.py install
```

図 4-12　セットアップスクリプト「setup.py」を実行

③ COCO API のソースコードを取得し、セットアップする
　GitHub から COCO API のソースコードを取得します。

```
%cd /content
!git clone https://github.com/waleedka/coco.git
```

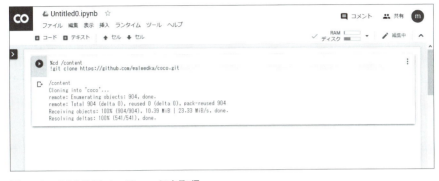

図 4-13　COCO 用ソースコードを取得

　先ほどと同様に、リポジトリに含まれるセットアップスクリプト「setup.py」を実行して、COCO API をインストールします。

```
%cd /content/coco/PythonAPI
%run -i setup.py build_ext --inplace
%run -i setup.py build_ext install
```

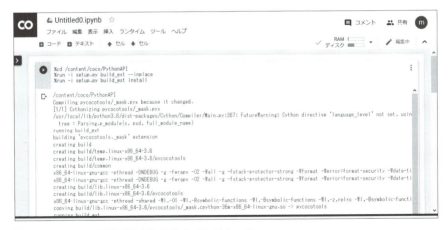

図 4-14　Python 用の COCO API をインストール

④ COCO データセットから Mask R-CNN 学習済みモデルをダウンロードする

　ここからは Python を使ったコーディングになります。同様のソースコードが Mask R-CNN リポジトリの「samples/demo.ipynb」にあるので、それをコピー＆ペーストして実行しても同じ結果が得られます。その場合、冒頭の ROOT_DIR 変数を仮想マシン上のパスである「/content/Mask_RCNN」に書き換える必要があります（掲載しているコードは書き換え済み）。

　各種初期設定と、COCO データセットから Mask R-CNN 学習済みモデルをダウンロードするまでの一連の処理となります。

```
import os
import sys
import random
import math
import numpy as np
import skimage.io
import matplotlib
import matplotlib.pyplot as plt

# Root directory of the project
ROOT_DIR = os.path.abspath("/content/Mask_RCNN")

# Import Mask RCNN
sys.path.append(ROOT_DIR)  # To find local version of the library
from mrcnn import utils
import mrcnn.model as modellib
from mrcnn import visualize
# Import COCO config
sys.path.append(os.path.join(ROOT_DIR, "samples/coco/"))  # To find local version
import coco

%matplotlib inline

# Directory to save logs and trained model
MODEL_DIR = os.path.join(ROOT_DIR, "logs")

# Local path to trained weights file
```

```
COCO_MODEL_PATH = os.path.join(ROOT_DIR, "mask_rcnn_coco.h5")
# Download COCO trained weights from Releases if needed
if not os.path.exists(COCO_MODEL_PATH):
    utils.download_trained_weights(COCO_MODEL_PATH)

# Directory of images to run detection on
IMAGE_DIR = os.path.join(ROOT_DIR, "images")
```

図4-15 各種初期設定と Mask R-CNN 学習済みモデルのダウンロード

⑤サンプル画像を推論して、結果を画面に表示する

すべての準備が整ったので、Mask R-CNN リポジトリに含まれるサンプル画像を読み込ませて推論させていきます。

```
class InferenceConfig(coco.CocoConfig):
    # Set batch size to 1 since we'll be running inference on
    # one image at a time. Batch size = GPU_COUNT * IMAGES_PER_GPU
    GPU_COUNT = 1
    IMAGES_PER_GPU = 1
```

```
config = InferenceConfig()
# config.display()

# Create model object in inference mode.
model = modellib.MaskRCNN(mode="inference", model_dir=MODEL_DIR,
config=config)

# Load weights trained on MS-COCO
model.load_weights(COCO_MODEL_PATH, by_name=True)

# COCO Class names
# Index of the class in the list is its ID. For example, to get ID of
# the teddy bear class, use: class_names.index('teddy bear')
class_names = ['BG', 'person', 'bicycle', 'car', 'motorcycle', 'airplane',
       'bus', 'train', 'truck', 'boat', 'traffic light',
       'fire hydrant', 'stop sign', 'parking meter', 'bench', 'bird',
       'cat', 'dog', 'horse', 'sheep', 'cow', 'elephant', 'bear',
       'zebra', 'giraffe', 'backpack', 'umbrella', 'handbag', 'tie',
       'suitcase', 'frisbee', 'skis', 'snowboard', 'sports ball',
       'kite', 'baseball bat', 'baseball glove', 'skateboard',
       'surfboard', 'tennis racket', 'bottle', 'wine glass', 'cup',
       'fork', 'knife', 'spoon', 'bowl', 'banana', 'apple',
       'sandwich', 'orange', 'broccoli', 'carrot', 'hot dog', 'pizza',
       'donut', 'cake', 'chair', 'couch', 'potted plant', 'bed',
       'dining table', 'toilet', 'tv', 'laptop', 'mouse', 'remote',
       'keyboard', 'cell phone', 'microwave', 'oven', 'toaster',
       'sink', 'refrigerator', 'book', 'clock', 'vase', 'scissors',
       'teddy bear', 'hair drier', 'toothbrush']

# Load a random image from the images folder
file_names = next(os.walk(IMAGE_DIR))[2]
for file_name in file_names:
    image = skimage.io.imread(os.path.join(IMAGE_DIR, file_name))

    # Run detection
    results = model.detect([image], verbose=1)

    # Visualize results
    r = results[0]
```

```
visualize.display_instances(image, r['rois'], r['masks'], r['class_ids'],
                            class_names, r['scores'])
```

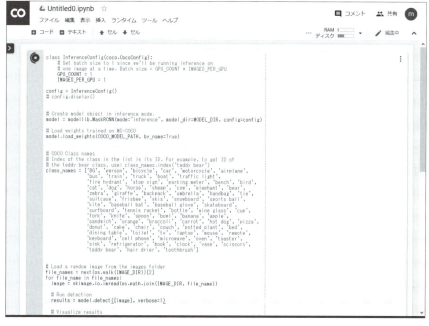

図 4-16　サンプル画像を読み込ませて推論を行う

　実行結果として、Web ブラウザ上にレンダリングされた画像がいくつか表示されれば成功です。

図 4-17　物体が検出されて、それが何であるかの推論が行われた様子

● Web カメラと接続したリアルタイム推論プログラムを実装する（フィールド実証）

　机上実証により Mask R-CNN の基本的な動作が確認できたら、Web カメラやスマートフォンといった身近な「カメラデバイス」を接続し、手元のパソコンで実行する「リアルタイム推論」にチャレンジしていきましょう。なお、ここからは、パソコンに環境構築したりターミナルを使ったりと、机上実証よりも高度な作業となります。しかし、記載しているとおりに進めれば完成するはずなので、わからないところがあったりエラーが出たりした場合は、Web で調べてみたりエンジニアなどの詳しい人と一緒にやってみるなどして取り組んでみてください。

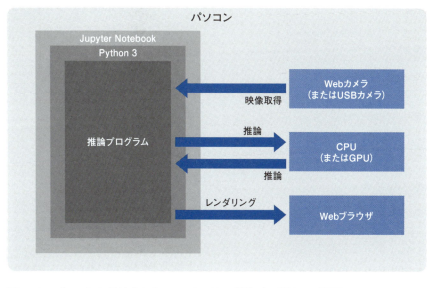

図4-18 パソコンに接続されたWebカメラの推論プログラムの概要

　準備(用意するもの)と手順は、次の通りです。机上実証と同様に、最新情報はOPTiM TECH BLOGの「AIBook」カテゴリを参照してください。

準備

- Webカメラが搭載されたパソコン(WindowsまたはMac)
  高速なリアルタイム推論を行う場合は、nvidia-driverをインストールできるGPUが搭載されたマシンを推奨(ここではWindows 10を用いた手順を説明)する。また、GPUがない場合は、フレームレートが遅くなるが、CPUによる推論を行う。

手順

　①～④で実行環境を整え、⑤でWebカメラの連携を行い、⑥～⑦でスマートフォンのカメラをIP化します。
　①Minicondaで仮想環境(Python、Jupyter Notebook、TensorFlow、Keras)を構築する
　②Jupyter Notebook上で新しい実行空間を作成する

第4章　AIコーディングの基礎　　**105**

③Mask R-CNNおよびCOCO APIのソースコードを取得し、それぞれセットアップする
④COCOデータセットからMask R-CNN学習済みモデルをダウンロードする
⑤Webカメラからリアルタイム画像を取得し、結果を画面に表示する
⑥スマホカメラをIPカメラ化する
⑦スマホカメラからリアルタイム画像を取得し、結果を画面に表示する

① Minicondaで仮想環境(Python、Jupyter Notebook、TensorFlow、Keras)を構築する

　はじめに、「Miniconda」をインストールします。機械学習の環境構築には、Pythonと関連のツールをまとめて導入できる「Anaconda」が使われることが多いのですが、「Miniconda」はそれらを最小限に押さえたものです。したがって、必要となるツールは、Minicondaにも含まれるパッケージマネージャー「Conda」を使って追加でインストールします。

　Minicondaは、Condaのサイトから自分の環境にあったインストーラをダウンロードして[*5]、実行します。

図4-19　自分の環境に合わせた「Miniconda」をダウンロード

＊5　https://conda.io/miniconda.html

Minicondaがインストールできたらターミナル(Windowsの場合は「Anaconda Prompt」)を開き、次のコマンドを実行して、「TensorFlow」「Keras」「Jupyter」の仮想環境を作成し、アクティベートを行います。それぞれのコンポーネントのダウンロードを行って環境を構築するので、多少の時間がかかります。

```
$ conda create -n ai tensorflow-gpu keras jupyter
$ conda activate ai
```

図4-20　「Anaconda Prompt」での実行の様子

　MacやGPUに対応していない環境では「tensorflow-gpu」が存在しないとエラーになる場合があります。その場合は、次のように「-gpu」を外した「TensorFlow」を指定してください。GPU環境と比較して実行速度が劣りますが、CPUによる推論で動作自体は可能です。

```
$ conda create -n ai tensorflow keras jupyter
$ conda activate ai
```

　また、TensorFlowとKerasではバージョン違いで動作がうまくいかないことがあります。その場合は、次のようにバージョンを固定してインストールを試みてください。

```
$ conda install -c conda-forge tensorflow=1.3
$ pip install keras==2.0.8
```

> **COLUMN** Visual C++ と Git の導入
>
> Windows の場合は、コンパイルに「Microsoft Visual C++（MSVC）」を使うため、「Visual Studio 2017」を導入しておく必要があります。また、Git のコマンドラインツールも必要です。ここでは、それぞれの導入方法を紹介しておきましょう。
>
> ● MSVS のインストール
>
> 無償で利用できる「コミュニティ版」で構いません。インストールにはかなりの時間を要するので、あらかじめ導入しておいてもよいでしょう。
>
> まずは、Visual Studio のサイトから、インストーラをダウンロードします。＊6
>
>
>
> 「Visual Studio 2017」をダウンロード
>
> ダウンロードしたファイルを実行すると、「Visual Studio Installer」の準備が開始され、追加ファイルのダウンロードとインストールが行われます。

＊6 https://visualstudio.microsoft.com/ja/downloads/

「Visual Studio Installer」の準備

準備が完了すると自動的に Visual Studio Installer が起動し、導入する項目（「ワークロード」と呼ばれます）の選択画面になります。ここで、「C++ によるデスクトップ開発」パネルの右上にチェックを入れて選択し、「インストール」ボタンを押して、「Visual Studio Community 2017」のダウンロードとインストールを開始します。

ワークロードの選択

右下の「インストール」ボタンを押すと、「C++ によるデスクトップ開発」ワークロードのダウンロードとインストールが始まります。

第 4 章　AI コーディングの基礎　**109**

Visual Studio Community 2017 のインストール中

　インストールが完了すると、再起動が必要な場合があります。ダイアログに従って再起動します。

● **Git のインストール**

　Git のバイナリを配布しているサイト*8 から、Windows 用のインストーラをダウンロードします。

「Git」をダウンロード

＊8　https://git-scm.com/

ダウンロードしたファイル（「Git-2.21.0-64-bit.exe」のように、Git のバージョンと、対応する Windows のビット数が含まれます）を実行します。

インストーラを実行

　インストール場所、インストールするコンポーネント、スタートメニューにフォルダを作成するか、デフォルトのエディタの選択、パスを通しておくか、HTTPS を使う際のライブラリの選択、改行コードの選択、使用するターミナルの設定、その他のオプションなどが確認されます。よくわからなければ、すべてデフォルトのまま、「Next」ボタンを押して進めても問題ありません。

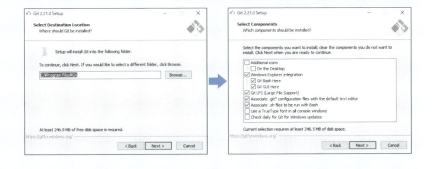

第 4 章　AI コーディングの基礎　**111**

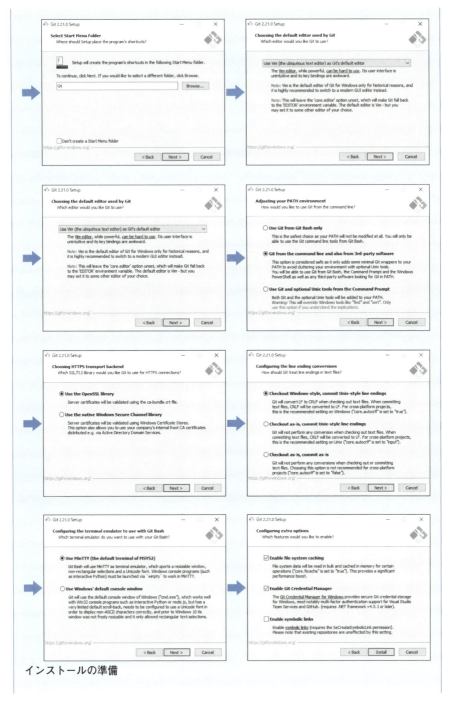

インストールの準備

すべてのオプションを選択たら「Install」ボタンを押して、インストールを開始します。

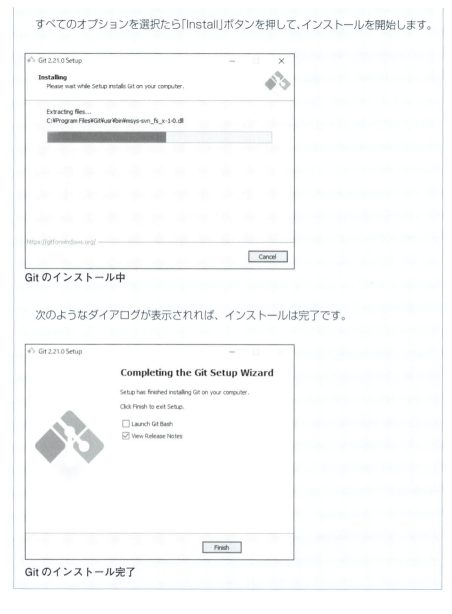

Git のインストール中

次のようなダイアログが表示されれば、インストールは完了です。

Git のインストール完了

② Jupyter Notebook 上で新しい実行空間を作成する

　次のコマンドを実行して、Jupyter Notebook を起動します。Windows の場合は、スタートメニューに登録された「Jupyter Notebook (ai)」から起動します。ただし、デフォルトの Web ブラウザで実行されるので、Google Chrome

で使いたいといった場合は、「http://localhost:8888/」を指定します。

```
$ jupyter notebook
```

　Webブラウザ上に開かれたJupyter Notebook上で作業用ディレクトリを作成します。今回は、「~/work」フォルダを作成して、そこにPython 3のノートブックを作成していきます。

図4-21　Jupyter Notebook上でPython 3のノートブックを作成する

③ Mask R-CNNおよびCOCO APIのソースコードを取得し、それぞれセットアップする

　GitHubからMask R-CNN、COCO APIそれぞれのソースコードを取得し、導入します。

```
# gitからソースを取得
%cd ~/work
!git clone https://github.com/matterport/Mask_RCNN.git
```

　「requirements.txt」に記載されたMask R-CNNが必要とするライブラリをインストールし、セットアップスクリプト「setup.py」を実行します。

```
# ライブラリを取得
%cd ~/work/Mask_RCNN
!pip install -r requirements.txt

# setup.pyを実行
%cd ~/work/Mask_RCNN
%run -i setup.py install
```

COCO API も同様にして、セットアップスクリプト「setup.py」を実行して完了です。

```
# COCO 用ソースを取得
%cd ~/work
!git clone https://github.com/waleedka/coco.git

# python用APIをインストール
%cd ~/work/coco/PythonAPI
%run -i setup.py build_ext --inplace
%run -i setup.py build_ext install
```

図 4-22　Jupyter Notebook から Mask R-CNN と COCO API を導入する

Windowsでは、MSVCコンパイラのオプションが非対応であるために、COCO APIのビルドが失敗します。その場合は、「cocoapi/PythonAPI/setup.py」の「extra_compile_args」を次のように空に変更して、再度実行します。

```python
ext_modules = [
    Extension(
        'pycocotools._mask',
        sources=['../common/maskApi.c', 'pycocotools/_mask.pyx'],
        include_dirs = [np.get_include(), '../common'],
        extra_compile_args=[],
    )
]
```

④ COCOデータセットからMask R-CNN学習済みモデルをダウンロードする

ここからはPythonを使ったコーディングになります。机上実証とほぼ同様ですが、「ROOT_DIR」の指定が異なる点は注意しましょう。

```python
import os
import sys
import random
import math
import numpy as np
import skimage.io
import matplotlib
import matplotlib.pyplot as plt

# Root directory of the project
from os.path import import expanduser
ROOT_DIR = expanduser("~/work/Mask_RCNN")

# Import Mask RCNN
sys.path.append(ROOT_DIR)  # To find local version of the library
from mrcnn import utils
import mrcnn.model as modellib
from mrcnn import visualize
# Import COCO config
```

```
sys.path.append(os.path.join(ROOT_DIR, "samples/coco/"))  # To find local
version
import coco

%matplotlib inline

# Directory to save logs and trained model
MODEL_DIR = os.path.join(ROOT_DIR, "logs")

# Local path to trained weights file
COCO_MODEL_PATH = os.path.join(ROOT_DIR, "mask_rcnn_coco.h5")
# Download COCO trained weights from Releases if needed
if not os.path.exists(COCO_MODEL_PATH):
    utils.download_trained_weights(COCO_MODEL_PATH)

# Directory of images to run detection on
IMAGE_DIR = os.path.join(ROOT_DIR, "images")
```

⑤ Web カメラからリアルタイム画像を取得し、結果を画面に表示する

　OpenCV の VideoCapture 関数を使って、Web カメラから映像を取得して推論する処理をループさせます。ここでは、display_instances 関数を自前で用意し、Bounding Box や Label や Mask をレンダリングしています。こうすることで、推論結果を別ウインドウに表示できるようにしている点がポイントです。Python のソースコードを掲載しますが、手で入力するのは現実的ではないので、本書のサポートサイトか「OPTiM TECH BLOG」からサポートファイルをダウンロードして活用してください。

```
import cv2
import colorsys

class InferenceConfig(coco.CocoConfig):
    # Set batch size to 1 since we'll be running inference on
    # one image at a time. Batch size = GPU_COUNT * IMAGES_PER_GPU
    GPU_COUNT = 1
    IMAGES_PER_GPU = 1
```

```python
config = InferenceConfig()
# config.display()


# Create model object in inference mode.
model = modellib.MaskRCNN(mode="inference", model_dir=MODEL_DIR, config=config)

# Load weights trained on MS-COCO
model.load_weights(COCO_MODEL_PATH, by_name=True)


# COCO Class names
# Index of the class in the list is its ID. For example, to get ID of
# the teddy bear class, use: class_names.index('teddy bear')
class_names = ['BG', 'person', 'bicycle', 'car', 'motorcycle', 'airplane',
               'bus', 'train', 'truck', 'boat', 'traffic light',
               'fire hydrant', 'stop sign', 'parking meter', 'bench', 'bird',
               'cat', 'dog', 'horse', 'sheep', 'cow', 'elephant', 'bear',
               'zebra', 'giraffe', 'backpack', 'umbrella', 'handbag', 'tie',
               'suitcase', 'frisbee', 'skis', 'snowboard', 'sports ball',
               'kite', 'baseball bat', 'baseball glove', 'skateboard',
               'surfboard', 'tennis racket', 'bottle', 'wine glass', 'cup',
               'fork', 'knife', 'spoon', 'bowl', 'banana', 'apple',
               'sandwich', 'orange', 'broccoli', 'carrot', 'hot dog', 'pizza',
               'donut', 'cake', 'chair', 'couch', 'potted plant', 'bed',
               'dining table', 'toilet', 'tv', 'laptop', 'mouse', 'remote',
               'keyboard', 'cell phone', 'microwave', 'oven', 'toaster',
               'sink', 'refrigerator', 'book', 'clock', 'vase', 'scissors',
               'teddy bear', 'hair drier', 'toothbrush']


def random_colors(N, bright=True):
    brightness = 1.0 if bright else 0.7
    hsv = [(i / N, 1, brightness) for i in range(N)]
    colors = list(map(lambda c: colorsys.hsv_to_rgb(*c), hsv))
    random.shuffle(colors)
```

```python
    return colors

def apply_mask(image, mask, color, alpha=0.5):
    for c in range(3):
        image[:, :, c] = np.where(mask == 1,
                                  image[:, :, c] *
                                  (1 - alpha) + alpha * color[c] * 255,
                                  image[:, :, c])
    return image

# 推論結果を表示用にレンダリング
def display_instances(image, boxes, masks, class_ids, class_names,
                      scores=None, title="",
                      figsize=(16, 16), ax=None):
    N = boxes.shape[0]
    if not N:
        print("\n*** No instances to display *** \n")
    else:
        assert boxes.shape[0] == masks.shape[-1] == class_ids.shape[0]

    colors = random_colors(N)

    masked_image = image.copy()
    for i in range(N):
        color = colors[i]

        # Bounding box
        if not np.any(boxes[i]):
            continue
        y1, x1, y2, x2 = boxes[i]
        camera_color = (color[0] * 255, color[1] * 255, color[2] * 255)
        cv2.rectangle(masked_image, (x1, y1), (x2, y2), camera_color , 1)

        # Label
        class_id = class_ids[i]
        score = scores[i] if scores is not None else None
        label = class_names[class_id]
        x = random.randint(x1, (x1 + x2) // 2)
        caption = "{} {:.3f}".format(label, score) if score else label
        camera_font = cv2.FONT_HERSHEY_PLAIN
```

```python
            cv2.putText(masked_image,caption,(x1, y1),camera_font, 1, camera_color)

        # Mask
        mask = masks[:, :, i]
        masked_image = apply_mask(masked_image, mask, color)

    return masked_image.astype(np.uint8)

def main():
    # デフォルトのWebカメラのキャプチャを開始
    snapshot = 0
    cap = cv2.VideoCapture(snapshot)

    # 映像の解像度を指定
    width  = 1280
    height = 720

    while(True):

        # 動画ストリームからフレームを取得
        cap = cv2.VideoCapture(snapshot)
        ret, frame = cap.read()

        # カメラ画像をリサイズ
        image_cv2 = cv2.resize(frame,(width,height))

        results = model.detect([image_cv2], verbose=1)

        r = results[0]
        camera = display_instances(image_cv2, r['rois'], r['masks'], r['class_ids'],
                            class_names, r['scores'])

        cv2.imshow("camera window", camera)

        # ESCキーを押したら終了
        if cv2.waitKey(1) == 27:
            break
```

```
    #終了
    cap.release()
    cv2.destroyAllWindows()


if __name__ == '__main__':
    main()
```

　Webカメラの映像からリアルタイムで物体抽出され、それが推論され、その結果がウインドウに表示されれば成功です。

図4-23　パソコンに接続されているWebカメラの映像をリアルタイム推論

⑥スマートフォンのカメラをIPカメラ化する

　パソコンに備え付けのWebカメラでは視点が固定されているので、今度はスマートフォンのカメラと連携できるようにしてみましょう。まずは、カメラが付いたAndroidスマートフォンかタブレットを用意します。なお、このAndroidデバイスはパソコンと同じローカルエリアネットワークに接続しておく必要があります。同じネットワークセグメントになるように、Wi-Fiなどでリンクアップしておきます。

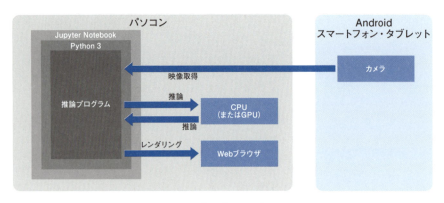

図 4-24　スマートフォンカメラの推論プログラムの概要

　ここでは、スマートフォンのカメラをネットワークカメラ化します。Google Play 上には、そのような用途に使えるアプリがいくつかありますが、今回は「IP Webcam」を使います。Google Play からスマートフォンにインストールしておきます。

図 4-25　Google Play の「IP Webcam」

IP Webcamを起動すると各種設定が表示されますが、特に変更せずに、一番下の「映像ストリーミング開始」を選択します。

図 4-26　「IP Webcam」の起動画面

そうすると映像ストリーミングが始まり、画面下部にIPアドレスが表示されます。この映像を入力ソースとして、推論プログラムからキャプチャを行っていきます。

図 4-27　「IP Webcam」の映像ストリーム

第 4 章　AIコーディングの基礎　**123**

先ほどのパソコンに接続されたWebカメラと連携するソースコードの中にあるmain関数の頭の部分に、snapshot変数があります。ここを、AndroidデバイスのIP Webcamに表示されたIPアドレスに変更します。

```
def main():
    # デフォルトのWebカメラのキャプチャを開始
    # snapshot = 0
    snapshot = "http://172.20.10.7:8080/shot.jpg"
    cap = cv2.VideoCapture(snapshot)
```

　たったこれだけの変更で、スマートフォンカメラの映像をリアルタイム推論させることができました。

図4-28　スマフォカメラの映像をリアルタイム推論している様子

　カメラに写る物体として、「dining table」の上に、「laptop」「keyboard」「mouse」「cell phone」、あとは2つの「bottle」が検出されています。紙パックのみかんジュースは学習済みモデルに含まれていないせいか、検出はされませんでした。これだけのものが手軽に検出できるモデルとして、Mask-RCNNが

どれだけ優秀なものであるか理解できたでしょう。

● コーディングから実行までのまとめ

　オープンソースのソフトウェアをベースに開発を行ったこともあり、プログラミングするというよりも、実行結果をつなぎあわせていくという感じであり、予想以上に簡単に実装できたのではないでしょうか。あるいは、プログラミングやシステム開発の経験がないと、何をどうしていいのかわからず、少し難しかったかもしれません。いずれにせよ、従来は大がかりなシステムや開発が必要だったリアルタイム推論が、このようにクラウド上や手元のパソコンで実行できるということは感じられたと思います。

　ここで実践したのは、カメラデバイスを入力として推論プログラムを実行し、結果をレンダリング表示するところまででした。このように「何が映っているのか」を推論するプログラムは、さまざまな用途で汎用的に利用できそうです。

　さらに、推論結果をデータベースに蓄積し、分析するすることで、ビジネスとしての付加価値につなげることができるでしょう。今回はMask R-CNNという1つのパターンに挑戦しましたが、ほかにもさまざまな手法があります。どのようなものがあるのか、引き続き、見ていきましょう。

4-4　フレームワーク、ネットワークモデル、学習用データセットの選択肢

　ディープラーニング実装初心者にとって、数多くのライブラリ名称がある中で、それらが何を提供し、ディープラーニングモジュールのどの部分を担うのかといった、構造上の位置付けを理解をするのに一苦労という場合があります。ここでは、まとめの意味も含め、各種ライブラリのレイヤー構造について整理をしておきます。

　先ほどの実装例では、「Keras」フレームワークで記述されたネットワークモデル「Mask R-CNN」を「COCO」データセットで訓練させた学習済みモデルを利用して、推論プログラムを実装しました。ここで出てくるフレームワーク、ネットワークモデル、学習用データセットを整理すると、次のような関係性であると表現できます。

図 4-29 「フレームワーク」「ネットワークモデル」「学習用データセット」の関係

　それでは、フレームワーク、ネットワークモデル、学習用データセットの選択肢として、どのようなオープンソースソフトウェアが公開されているかを見ていきましょう。

● フレームワーク

　まずはモジュール全体の構成を語る上で欠かせない、ディープラーニングフレームワークを見ていきましょう。今回の実装例では、TensorFlow 上で動く Keras というフレームワークを使いましたが、ほかにもさまざまなフレームワークが公開されています。次に示した表 4-1 は、GitHub スター が多いフレームワークの一覧です。

表4-1 GitHubで多くのスターを集めるフレームワーク

フレームワーク	開発元	対応言語	GitHub Star
Tensorflow	Google	Python、C++、Java、Go	118,869
Keras	Google	Python、R	37,518
Caffe	UCBK	C、C++	26,857
PyTorch	Facebook	Python	23,961
MXNet	ワシントン大学, CMU, AWS	Python、Scala、R、C++、Java、Julia	16,093
CNTK	Microsoft	Python、C++、C#/.NET、Java	15,689
Darknet	Darknet	C	11,420
fastai	fast.ai	Python	11,159
DL4J	Skymind	Java	10,215
theano	MILA	Python	8,654
Caffe2	Facebook	Python、C++	8,411
torch7	Facebook	Lua	8,185
Chainer	Preferred Networks	Python	4,478
Gluon	Microsoft, AWS	Python	2,269

　世界中でもっとも使われているライブラリがGoogleが開発するTensorFlowだということが一目瞭然です。また、その上に構築されたKerasは「機械ではなく、人間のために設計されたライブラリ」と謳われており、導入コストを低く抑えられるといわれています。

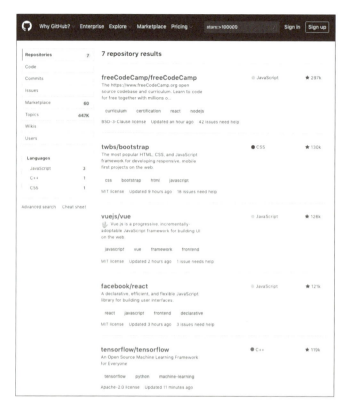

図 4-30　GitHub で「stars:>100000」(10 万スター以上)として検索した結果

　GitHub で管理されるすべてのリポジトリにおいて、10 万スターを超えるプロジェクトは一握りです。2019 年 3 月時点で、「bootstrap*9」「Vue.js*10」「React*11」などのモダン Web 構築に使われる JavaScript フレームワークに次いで、TensorFlow がランクインしていることは、ディープラーニングへの注目度の高さが裏付けられている証拠ともいえるでしょう。

　そのほかの代表的なフレームワークについても触れておきましょう。

　「Caffe*12」は古くから提供されているフレームワークで、実行速度が期待できる反面、導入コストが比較的大きいといわれています。数あるディープラー

---

*9　https://getbootstrap.com/
*10　https://jp.vuejs.org/
*11　https://reactjs.org/
*12　http://caffe.berkeleyvision.org/

ニングのライブラリの中でもグラフ構築方法(詳細は後述)における新たな仕組みを世界に広めた存在が「Chainer*13」です。日本発のディープラーニングフレームワークとして Preferred Networks が開発を担っています。そして、Facebook によって Chainer をフォークして作られたのが「PyTorch*14」です。最近、GitHub 上での人気(スターの伸び)が高まっているフレームワークです。

> **COLUMN　グラフ構築方法**
>
> 　計算グラフ(ニューラルネットの構造)の構築を行う方式には、大きく分けて2つあります。
> 　日本の Preferred Networks が開発した「Chainer」で取り入れたのが、計算グラフ(ニューラルネットの構造)の構築をデータを流しながら行う手法で、「Define by Run」と呼ばれています。一方、「Caffe」や「TensorFlow」などは、計算グラフを学習の前にあらかじめ構築する方式です。計算グラフを定義してから計算を実行するので、この方式は「Define and Run」と呼ばれます。
>
> - Define and Run(静的フレームワーク)
>   - 先に計算グラフの構造を固定してから学習を開始する
> - Define by Run(動的フレームワーク)
>   - 学習時(順方向)の処理中に計算グラフの構造を決める
>   - データによってネットワーク接続をスキップするなど、グラフ形状を変えた学習が可能
>
> 　「Define by Run」「Define and Run」は Preferred Networks による分類ですが、今やディープラーニング業界では一般的な用語として扱われています。そして、いくつかのディープラーニングフレームワークは、「Define by Run」へとシフトしていく傾向がうかがえます。これは、Define by Run 方式でしか実現できないタスクがあるためと考えられます。たとえば、画像解析系のタスクは入力データサイズが固定されるため、Define and Run 方式のフレームワークが適していますが、自然言語処理系などの入力データサイズが可変であるタスクについては Define by Run 方式のフレームワークが必要とされているといった状況です。

---

*13　https://chainer.org/
*14　https://pytorch.org//

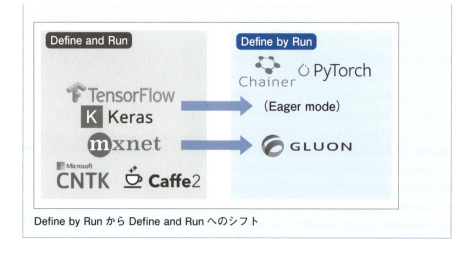

Define by Run から Define and Run へのシフト

● ネットワークモデル

「ネットワークモデル」とは、ディープラーニングフレームワークを使って構築されるニューラルネットワークのことを指します。画像解析系のタスクにおいては、人物や車、動物、バッグ、ペットボトル、コーヒーカップなど、身の回りにあるモノを識別するための一般物体検出をはじめとして、多数のネットワークモデルがインターネット上で公開されています。今回の実装例では「Mask R-CNN」という最新のニューラルネットワーク方式を用いましたが、そのほかにどんなネットワークモデルが公開されているかを見ていきましょう。

表4-2 さまざまなネットワークモデル

ネットワークモデル	特徴	End-to-end training 可否
R-CNN	ディープラーニングを用いた一般物体認識の先駆け的な手法。個々の処理を段階的に学習させる必要があった	×
SPPnet	SPP(Spatial Pyramid Pooling)層の導入により、R-CNN の計算冗長性を軽減	×
Fast R-CNN	Multitask loss により、物体の特徴量と、物体の位置や大きさの外接矩形を同時に学習	△
Faster RCNN	物体の領域検出処理にもディープラーニングである CNN を利用。End-to-end な学習が可能となった。上記のいずれの手法よりも高速な処理(5fps 程度)を実現	○
YOLO	物体の領域検出の代わりに、画像をグリッド状に分割しておき、グリッドごとに物体カテゴリの認識と物体のの外接矩形の座標を求めるというアプローチを採用。精度はやや Faster RCNN に劣るものの大幅な処理速度向上(45 〜 155fps)を達成。ただし、1 枚の画像中に多数の物体が存在するときは苦手	○
SSD	YOLO と同様に物体の領域検出処理が不要。SSD では、複数の階層から検出枠を出力できるようにすることで、マルチスケールな物体検出に対応。YOLO と比較して、多数の物体が存在している画像に対してロバストであり、さらに高速な処理を実現。精度は Faster R-CNN と同程度	○
YOLO v2	YOLO を改良し、9,000 種類の物体検出が可能。精度も YOLO より向上しているが、1 枚の画像中に多数の物体が存在するときは苦手	○
DSSD	SSD で用いてる VGG の代わりに Residual-101 を用い、さらに Deconvolution layer を追加することで検出精度を向上	○
Mask R-CNN	Faster R-CNN に、Semantic image segmentation の機能を取り入れた手法。外接矩形だけでなく、人の領域、人の体のパーツの位置を求められる点で大きく進歩	○

樋口未来氏による「ディープラーニングによる一般物体認識 (2) – 主要な手法の整理」(https://news.mynavi.jp/article/cv_future-53/)を参考に作成した

　これらのネットワークモデルによって解決できる画像解析(Computer Vision)のタスクとして、主に次のようなものがあります。

①画像認識(Image Classification)
　○映っている物体の名称を答える
　○物体の位置を答える必要はない
②物体検出(Object Detection)
　○短形で物体の位置を切り出す

③物体領域抽出(Semantic Segmentation)
  ○ピクセルレベルで物体の領域を認識する
④姿勢推定(Pose Estimation)
  ○骨格を持つ物体において、その関節点を検出する
⑤個体領域抽出(Instance Segmentation)
  ○ピクセルレベルで物体の領域を認識する
  ○個々の物体ごとにラベルを付与する

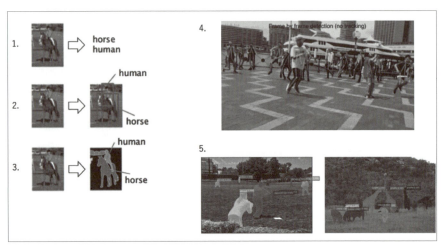

図4-31　画像解析のタスク
1〜3の画像は、東京大学 大学院情報理工学系研究科 創造情報学専攻 中山 英樹氏による「Deep Learningによる画像認識革命」より引用(https://www.slideshare.net/nlab_utokyo/deep-learning-49182466)

　ディープラーニングを応用した画像解析は、現在、非常にホットな領域であるため、新たな手法が研究されており、日々、論文が公開されています。研究開発に興味があるなら、論文をウォッチするとよいでしょう。調べ方としてお勧めなのは、これらの英名(たとえば「物体認識」であれば「Object Recognition」)をキーワードに、ディープラーニング論文キュレーションサイト「Deep Learning Monitor[*15]」で検索してみると、世界の最新情報に出会えるはずです。

---

*15　http://deeplearn.org/

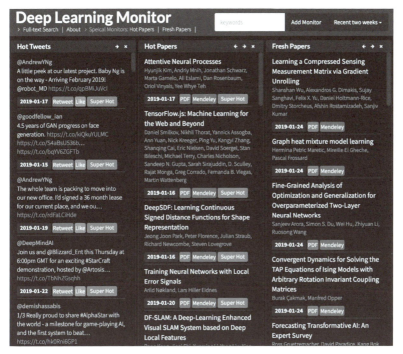

図 4-32　Deep Learning Monitor（http://deeplearn.org/）

●データセット

　「データセット」とは、ネットワークモデルに対して訓練やテストをするためのデータのことです。今回の実装例では「COCO」というデータセットを使いましたが、ほかにもさまざまなデータセットが公開されています。一般物体検出の訓練に使えるであろうデータセットとしては、次のようなものがあります。

表 4-3　さまざまなデータセット

データセット	開発元	特徴
COCO	COCO コンソーシアム (Microsoft, Facebook, etc...)	物体検出・セグメンテーション・キャプショニングがされているデータセット。330,000 枚の画像データに対して 80 種類もの物体を見分けられるようラベル付がされている
KITTI	テュービンゲン大学（ドイツ）Autonomous Vision Group	自動運転車のためのデータセット。ドイツの中規模都市であるカールスルーエ周辺〜高速道路での運転から得られた画像が提供されている。画像は、最大 15 台の車と 30 人の歩行者が映っている
PASCAL VOC	Mark Everingham (University of Leeds) 氏ら数名	2005 年から 2012 年まで精度を競い合うコンペのための物体検出データセットが、今でもダウンロード可能
Open Images Dataset	Google	オープンデータとなっている画像に対して、Google によってバウンディングボックスのアノテーションがつけられたデータセット
CIFAR-10 / CIFAR-100	Alex Krizhevsky 氏	AlexNet の Alex Krizhevsky 氏のグループが公開しているデータセット。10 クラス分類と 100 クラス分類の画像データセット

　これらの一般物体検出のほかにも、食べ物や医療向けの画像など、世界中には専門特化型のデータセットが多数存在しています。ディープラーニングによる学習済みモデルの構築を行う際には、インターネットで有用なデータセットが公開されているかをチェックしてみるとよいでしょう。

● 食品の例
　Food-101：食べ物の画像がクラス分けされたデータセット（5GB相当）
● 医療画像の例
　Annotated lymph node CT data：リンパ節の位置がアノテーションされたCT画像
　Annotated pancreas CT data：すい臓がアノテーションされた腹部のCT画像
　Chest radiograph dataset：肺のX線画像データに対し、病名とその位置をアノテーションしたデータセット（30,805人の患者のX線画像112,120枚）
　MURA：正常・異常の判定がアノテーションされた人骨のX線画像のデータセット（肘、指など7つの部分に分かれた画像40,561数）

4-5 クラウドAPIという選択肢

　ここまでで、学習済みモデルを作成するために、フレームワーク、ネットワークモデル、学習用データセットのそれぞれに有用なオープンソースツールが存在し、それらを活用することで、最新のディープラーニング技術を比較的短い時間で実装できることを説明してきました。

　ここからは、その学習済みモデルの提供さえも外部にまかせてしまうことで、より簡単にAIサービスを実装する方法を紹介します。2019年3月現在、Microsoft、Google、Amazon、IBMなどがクラウド上のWebAPIとしてAIサービスを提供しています。

Microsoft
- Computer Vision：画像の分類、OCR、手書き認識など
- Face：顔検出、属性分析、人物特定、感情分析
- Video Indexer：ビデオ内顔検出、シーン検出など
- Content Moderator：不快感を与えるコンテンツのモデレートなど
- Speech to Text：音声テキスト化
- Text to Speech：音声合成
- Speaker Recognition：話者識別
- Speech Translation：リアルタイム翻訳
- Text Analytics：文の意味分析
- Translator Text：翻訳
- Bing Spell Check：スペルチェック
- Language Understanding：会話モデル構築
- Machine Learning：機械学習モデルの構築、トレーニング、クラウドからエッジまでのデプロイ

Google

- Cloud AutoML(ベータ版)：高品質なカスタム機械学習モデルを簡単にトレーニング
- Cloud Deep Learning VM Image(ベータ版)：ディープラーニングアプリケーション用の事前構成済みVM
- Cloud Machine Learning Engine：優れたモデルを構築し、本番環境にデプロイ
- Cloud Natural Language：非構造化テキストから有用な情報を引き出す
- Cloud Speech-to-Text：機械学習によって音声をテキストに変換
- Cloud Talent Solution：人材採用のニーズにAIを活用
- Cloud Text-to-Speech：機械学習によってテキストを音声に変換
- Cloud TPU：機械学習モデルのトレーニングと実行の期間を短縮
- Cloud Translation：言語間の翻訳を動的に行う
- Cloud Video Intelligence：動画からメタデータを抽出
- Cloud Vision：機械学習によって画像から有用な情報を引き出す
- Dialogflow Enterprise Edition：異なる端末やプラットフォームにわたって会話環境を構築
- Firebase Predictions(ベータ版)：予測される行動に基づいて動的なユーザーグループを定義

AWS(Amazon Web Servise)

- Rekognition：画像認識、顔認識、顔属性分析、動線検出、不適切コンテンツ抽出、テキスト抽出など
- Lex：音声やテキストを使用した対話型インターフェイス構築
- Polly：テキスト読み上げ
- Textract：ドキュメントからテキストとデータを自動抽出する
- Comprehend：テキスト内でインサイトや関係性を検出
- Translate：翻訳
- Transcribe：自動音声認識
- SageMaker：機械学習モデルを迅速に構築、トレーニング、デプロイする

IBM

- Watson Assistant：さまざまなチャネルでのAIアシスタントを作成
- Discovery：大量のデータを検索するとともに、適切な意思決定を支援
- Natural Language Understanding：テキスト分析により、概念、エンティティ、キーワードなどのメタデータを抽出(英語)
- Discovery News：世界各地のニュース記事を保持している事前作成済み参照専用コレクション
- Knowledge Studio：業界や分野ごとの言葉の使われ方の微妙な違いまでWatsonに学習させるアプリケーション
- Visual Recognition：画像に写った物体・情景・顔など、さまざまなものを分析・認識
- Speech to Text：音声認識
- Text to Speech：音声合成
- Language Translator：翻訳
- Natural Language Classifier：自然言語分類
- Personality Insights：性格分析
- Tone Analyzer：テキストに表れるトーンや感情を分析(日本語未対応)
- Watson Studio：機械学習モデルの作成と学習、データの準備と分析のための統合環境
- Watson Machine Learning：機械学習モデル・深層学習モデルの作成、学習、実行環境
- Watson Knowledge Catalog：分析に必要なデータを「加工・カタログ化」できる分析データ準備環境

　これらのクラウドサービスとして提供されるAIモジュールを利用することで、自前で学習済みモデルを作成する手間が省けるため、アプリケーション側の実装に注力することが可能になります。

　AIを用いて課題を解決するにあたって、開発者自身が学習済みモデルを作成する必要があるのか、WebAPIでラッピングされた学習済みモデル(推論プログラム)を呼び出すだけの簡易的な実装で十分なのかは、開発・運用コスト、ビジネス展開を大きく左右することになるので、多少の時間をかけても検討する価値はあるでしょう。

- ●学習済みモデルを自前で作成する場合の特徴
  - ○開発コストがかかる分、継続運用・拡大の際にソフトウェアライセンス費用がかからない(SDK購入やオープンソースソフトウェア採用の場合でも商用利用が有料の場合は、別途ライセンス費用がかかるので要注意)
  - ○細かいチューニングが可能
  - ○エッジコンピュータへのデプロイが可能(推論のリアルタイム性や、閉域ネットワーク指定のユーザーニーズに応えることができる。GPL系ライセンスのオープンソースソフトウェアの扱いについては事前考慮が必要)
  - ○追加学習により学習済みモデルのオリジナリティを高めていくことで、参入障壁を高く保つことができる

- ●外部のクラウドサービスのAPIを利用する場合の特徴
  - ○開発コストを抑えることができる分、継続運用・拡大に伴ってランニングコストが発生する。学習・推論とは別にデータ保存(ストレージ転送)する場合は料金が発生するなど、指定されたリソースの利用が必須となるベンダーロックイン状況が発生しやすい環境といえる
  - ○細かいチューニングができない
  - ○エッジコンピューティングの選択肢が採りづらい(将来的には、対応できるケースが増えると見込まれる)
  - ○ソフトウェア開発者であれば誰でも簡単に扱えるため、参入障壁はさほど高くはない

いずれの手法が望ましいかはケースバイケースですが、各種AIモジュールの性能・精度が日進月歩で高まっている現在、どちらかに偏ることなく、常に最良の方法を選べるようにしておくことが重要です。

メガクラウドベンダーとオープンソースの勢力図

ディープラーニングフレームワークを取り巻くオープンソースソフトウェアは、Google、Amazon、Facebook、Microsoftなどの勢力争いと見ることもできます。Googleは早い段階でTensorFlowをオープンソースとして世の中に送り出し、より体系化されたAPIセットを提供するためにKerasを取り込む流れができているといえます。Amazonは、MXNetおよびGLUONを、Facebook

はPyTorchおよびCaffe2の開発を主導しています。そして、Microsoftは
CNTKの開発を主導しつつ、Chainerの開発元であるPreferred Networksと
2017年5月に戦略的提携を締結しています。

　現在のところ、どの環境が優れているのか優劣をつけることは難しいのですが、用途によって使い分けることが考えられます。その場合に課題になるのは、それぞれのフレームワークが生成する学習済みモデルのフォーマットです。Kerasで学習させたものをPyTorchで追加学習をさせるといったことは通常はできませんが、それらをつなぐために「ONNX（Open Neural Network Exchange）」といった共通フォーマットが策定されています。

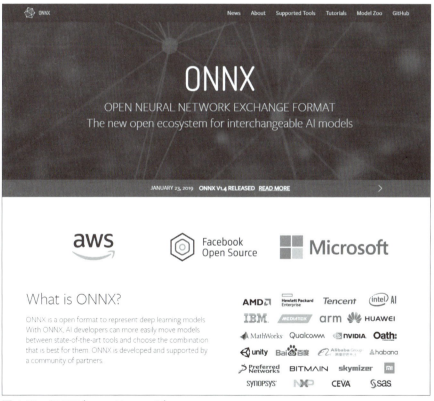

図4-33　ONNX（https://onnx.ai/）

ONNX は、AWS(Amazon)、Facebook、Microsoft の共同プロジェクトです。2019 年 3 月現在、ONNX プロジェクトには TensorFlow や Keras との相互変換の仕組みは存在していますが、今後 Google が積極的なサポートを行っていくのかは不明瞭です。

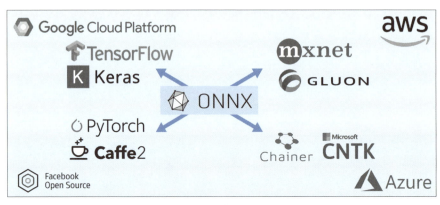

図 4-34　ONNX がつなぐメガクラウドベンダーとオープンソース

　ONNX が対応するフレームワークの一覧は、GitHub にある「ONNX tutorials」[*16] を参照するとよいでしょう。

---

*16　https://github.com/onnx/tutorials

第5章
AIサービスの提供と運用

AIは、既存のソフトウェア・ハードウェアに少しずつ取り込まれ、市場への浸透が進んでいくことでしょう。つまり、一般のユーザーはAIが組み込まれていることを意識しない世界になるということです。そして、その裏側に注目すると、複数の開発者やベンダーが手を取り合いながら市場を形成しています。つまり、AIは高度な技術が複雑にけ絡みあっているため、1社ですべてをまかなうのではなく、アライアンスを組むことの重要性が高まっているのです。

本章では、AIの提供形態として、オープンソース・WebAPI・SaaS・組み込みなどの多くのパターンが存在すること、AIの心臓部である推論プログラムを動作させるのはエッジなのかクラウドなのか、さらにはネットワークカメラ・ウェアラブルデバイス・ドローン・センサーなどのIoT技術とどのように融合していくべきかなど、サービス化に必要なさまざまな側面を列挙していきます。AIの実装方法は理解できたとしても、エンドユーザーへの届け方や、課金モデル、保守運用に必要となる要素などがイメージできないことには、事業計画を書くことすらできません。本章を読み進め、目指すサービスの具体化をはかってみてください。

5-1 AIの提供方式
5-2 クラウド・オンプレミスの選択肢
5-3 サービスオペレーション

5-1 AIの提供方式

　身近なAIサービスというと、何を思い浮かべるでしょうか。たとえば、迷惑メールフィルタ、Google翻訳、Facebookの同一人物特定、AmazonのAlexa、AppleのSiri、テスラのオートパイロットなどの製品はすべてAIが搭載されていますが、AI単体としてその機能のみを購入できるわけではありません。つまり、スマートフォンやパソコン、家電、自動車といった既存のハードウェアに組み込まれ、そのハードウェアを購入してAI機能を利用するというわけです。一方で、Microsoftが提供している「Cognitive Services」のようにWebAPIとして提供するモデルもあります。

　両者の違いは何でしょうか。それは提供形態と課金モデルに着目することで見えてきます。AmazonのAlexaやAppleのSiriのようにスマートスピーカーやスマートフォンに組み込んで本体料金で回収するモデルか、Microsoft Cognitive ServicesのようにAPIコール権限として提供し、そのコール回数で従量課金で回収するモデルかということです。

　主なものとしては、次のような提供方式が挙げられます。

● オープンソース
　各種ディープラーニングフレームワーク、ネットワークモデル、学習用データセット、機械学習ライブラリなどが、これに相当するでしょう。具体例は第4章の「フレームワーク、ネットワークモデル、学習用データセットの選択肢」を参照してください。

● 有償SDK
　スマートフォンや家電、自動車などに組み込まれるモデルです。ベンダーは、AIモジュールをSDK（Software Development Kit）として提供します。初期一定額の形式から、台数に応じたサブスクリプション、レベニューシェアなど、さまざまな形式があります。

● WebAPI
　学習済みモデルを含む形で、AIのエンドポイントをWebAPI形式で提供するものです。Microsoft、Google、Amazon、IBMなどのメガクラウドベンダーをはじめとして、このモデルが広がりつつあります。具体例は第4章の「クラウドAPIという選択肢」を参照してください。

- オンプレミスパッケージ

  ハードウェアとセットで提供する方式です。

- SaaS

  「Software as a Service」の略で、必要な機能を必要な分だけサービスとして利用できるようにした形式です。コンシューマー向けWebサービスに組み込んで使われることが多く、サービスや商品の利用期間に応じて料金を支払うサブスクリプションで提供されます。

ターゲットやビジネスシナリオを表5-1にまとめました。

表5-1　AIの提供方式と特徴

AIの提供方式	ターゲット	提供物	課金方式	ビジネスシナリオの例
オープンソース	開発者、ベンダー	ソースコード	オープンソースライセンスに従うが、基本的には無償。次のようなオープンソースビジネスモデルが想定される ・デュアルライセンシング ・サービスサポートビジネス ・ブランドグッズビジネス	
有償SDK	開発者、ベンダー	ソースコード or バイナリ	・売り切り(一定額または台数限定) ・サブスクリプション(一定額または台数限定)	カメラモジュールの画像補正AIモジュールを1台あたり100円で提供。日本国内の10万台のスマホに実装されたとして、100円×10万台=1,000万円のインストールベース課金を目指す
WebAPI	開発者、ベンダー	APIコール権限(トークン)	・呼び出し回数に応じた従量課金 ・月末締めで毎月支払い	工場の画像による品質検査APIを1コールあたり0.1円で提供。1拠点あたり月平均100万回の呼び出しがなされ、月額10万円、年額で120万円の課金。さらに顧客を10拠点に拡大させ、年額1,200万円の課金を目指す
オンプレミスパッケージ	エンドユーザー	ハードウェア	・ハードウェア物販(初期費用) ・月額保守(運用費用)	顔認証セキュリティ製品を1サーバあたり初期費用100万円、月額運用1万円、合わせて年額で112万円の課金。10顧客への横展開を行い、年額1,120万円の課金を目指す
SaaS	エンドユーザー	サービス利用権限	・月額ライセンス	顔認証セキュリティ製品を1カメラデバイスあたり月額1万円で提供。カメラあたり年額で12万円の課金。100カメラ分の顧客を集め、年額1,200万円の課金を目指す

それぞれまったく異なるビジネスモデルではありますが、これらの組み合わせにより、コンシューマー市場、エンタープライズ市場のそれぞれにおいて、最終的にエンドユーザーの手に届くような構造になっています。たとえば、クラウドベンダーがオープンソースソフトウェアを使ってAIモジュールをラッピング（機能やデータを含み、別の形で提供）してWebAPIとして提供し、あるソフトウェアベンダーがそれを使う形で有償SDKを作成し、あるWebアプリベンダーがそのSDKを組み込む形でSaaS製品として提供する……といった階層構造化が考えられるわけです。

そして、いずれにも当てはまらない、すなわちビジネスモデルが未確定の状況でAI技術のビジネス性を仮説検証を行う場合が「解析案件として受託」というケースに該当します。これは、ベンダーがユーザー（運用者）の課題を個別案件として受託する方式であり、PoCの段階ではAIモジュールを提供することが多いでしょう。この場合、ビジネスとしての出口（料金回収モデル）が定まっていないことから、仮説検証に合わせてビジネスデベロップメント（新規事業開発）が必要な段階だということを念頭においておきましょう。

5-2 クラウド・オンプレミスの選択肢

● 学習段階

学習段階は、多くの計算リソースを必要とするため、一定の性能を持つGPUを用意する必要があります。筆者の周辺の開発者には、高性能なGPUを搭載したPC（ワークステーションやサーバを含む）をオンプレミスで活用する場合と、GPUをクラウドサービスから活用する場合の2パターンが見られます。特に後者については、Google Colaboratoryに付属するGPUインスタンスを研究用途で利用できるので、活用してみてもよいでしょう。

● 利用段階

AI、特にディープラーニングを用いたプロジェクトの利用段階においては、推論プログラムをどこで実行させるのかがユーザビリティや価格モデルに影響するキーファクターとなります。代表的なシステム構成を挙げて、その特徴を見てみましょう。

ここでは、第4章で実践してみた「身の回りのカメラをAI化」するようなシー

ンで、カメラデバイスの映像をどのように転送し、推論インスタンスをクラウドとオンプレミスのどちらに配置するかなど、システム構成を検討する上での具体的な例を挙げて説明を進めます。

フルクラウド

カメラ映像をインターネット経由でクラウド上の推論インスタンスに流すパターンです。推論結果についても、それを集計するための管理コンソールをクラウド上から提供します。初期ハードウェアへの投資がなく、ユーザーに手軽さを印象付けやすいといった特徴があります。そして、クラウド上では「PaaS (Platform as a Service)」として、さまざまなサービスが登場しているため、開発手法の選択肢が広がることも、開発者にはメリットとなるでしょう。その反面、カメラデバイスから見た上り回線の確保が必要であり、かつクラウドGPUインスタンスを利用する場合は、従量課金が高額になることも起こりえます。また、カメラ映像がインターネットに流れるため、個人情報・機密情報の取り扱いにユーザーが慎重な姿勢を示すことがあります。

活用シーン

- 期間が限られているPoC案件
- フレームレートが低めなど、推論負荷が軽く複数のカメラデバイスを束ねることが可能なシステム。CPU推論で十分な場合を含む

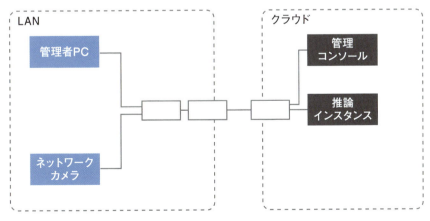

図 5-1　フルクラウド形式による AI サービス

ハイブリッド

　カメラ映像を LAN 上に構築された推論インスタンスに流しつつ、映像を除く推論結果のみをクラウドにアップロードし、それを集計するための管理コンソールをクラウド上から提供する形です。カメラ映像がインターネットに流れないため、個人情報・機密情報へのセキュリティ性を顧客が納得しやすい接続パターンです。解析結果や、デバイス管理などのメタ情報をクラウドで管理することで、カメラデバイスなどの IoT 機器のポータビリティ性を高く保つことができるため、現時点における選択肢としてはバランスが取れた構成ととらえることができるでしょう。

活用シーン

- 複数店舗を有するフランチャイズへの導入

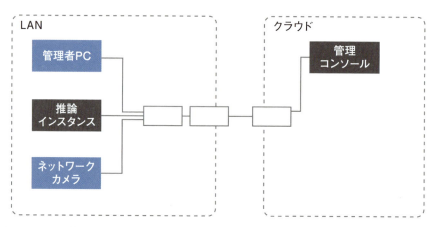

図 5-2　ハイブリッド形式による AI サービス

フルオンプレミス

　カメラ映像はもちろんのこと、推論結果も含めたすべての情報を LAN 上に構築されたインスタンスで扱う方式です。解析結果やデバイス管理などのメタ情報を含め、一切の情報を外部から遮断する必要がある場合、この構成が採用される傾向にあります。ハードウェアの初期投資や運用コストは、これらの方式の中では比較的大きいほうであるため、セキュリティ性とのトレードオフを考える必要があります。

活用シーン

- 医療、製造業などの高いネットワークセキュリティ性を問われる環境

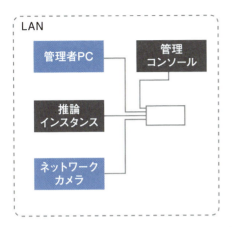

図 5-3　フルオンプレミス形式による AI サービス

●利用段階のまとめ

　結論としては、現時点では、すべてのパターンにおいて最適な解は存在しないということです。ユーザーのニーズや AI を導入する先の環境に応じて、推奨する接続パターンを変えながら進めることになります。表 5-1 を参考に、進めるプロジェクトでの最適解を見つけてみてください。また、いずれの構成においても、リアルタイム性を追い求めると、相応のコストがかかることは覚えておきましょう。たとえば、小売店におけるユースケースを想定した場合、万引き犯を特定するための防犯用の AI アラートシステムはリアルタイム性が重要になりますが、マーケティング解析の用途であれば 1 日 1 回、結果を確認できればよいといったことになります。IoT デバイスからの情報をいったん蓄積しておき、1 日 1 回、推論プログラムをバッチ実行するような非リアルタイム処理でニーズが満たせるかどうかを考えることは、どのパターンにおいても重要です。このように、ソフトウェア仕様の側面からコンピューティングリソースを有効活用できるような視点を持っておきましょう。

表5-1 接続パターンの接続方式と特徴

パターン	接続方式			特徴		
	カメラ映像	推論インスタンス	管理コンソール	レイテンシ	推論コスト	回線コスト
フルクラウド	インターネット経由	クラウド	クラウド	中（インターネットを介するため若干の遅延あり）	初期費はないに等しいが、継続運用が高額になりがち	カメラから見た上り回線の確保が必要
ハイブリッド	LAN内に閉じる	エッジ	クラウド	中〜高（独自回線品質に依存）	ハードウェアの初期投資が必要であるが、継続運用は保守のみ	安価
フルオンプレミス	LAN内に閉じる	エッジ	エッジ	中〜高（独自回線品質に依存）	ハードウェアの初期投資が必要であるが、継続運用は保守のみ	安価

● ネットワークカメラの接続パターン例

　前述したハイブリッドとフルクラウドの2パターンの実際の提供例として、「OPTiM AI Camera」の接続パターンを見てみましょう。「OPTiM AI Camera」は、店舗や施設などの業界別・利用目的別に設置されたさまざまな種類のカメラからデータを収集し、学習済みモデルを活用して画像解析を行うことでマーケティング、セキュリティ、業務効率などの領域を支援するパッケージサービスです。既存のアナログカメラ・ネットワークビデオレコーダー・クラウドレコーダーなど、さまざまな接続パターンに対応することを想定しています。ユーザーの環境に合わせた提案を行う一例として、参考にしてください。

　推論インスタンスをLANに構成するハイブリッド構成が、パターン1〜3です。その中でも、カメラと直接接続をするパターンと、既存のビデオレコーダーを介するパターン、クラウドレコーダーを介するパターンなどが存在します。特に、アナログカメラはAIに接続できないと諦めがちですが、実はビデオレコーダーまたはIP化用ビデオエンコーダーを介すれば、既存のカメラ資産を活かすことができる場合があります（パターン2）。

　推論インスタンスをクラウド上に構成するフルクラウド構成が、パターン4〜6です。エッジレスの環境を提供可能なので、現地の設置工事などを軽減できるでしょう。今後、クラウド上のGPUインスタンスのコストが安価になるとともに、増えてくると見込まれています。

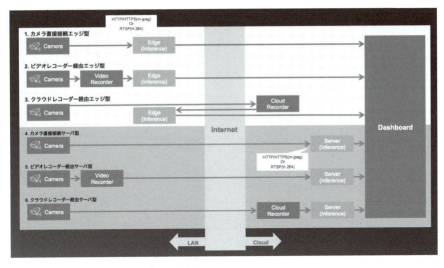

図 5-4 「OPTiM AI Camera」の提供例

● AI ハードウェアアクセラレータ

　AI の利用段階では、クラウド・オンプレミスでいくつかの推論パターンがあることに触れました。フルクラウドのパターンでは、あとからでも必要に応じて計算資源の追加が可能ですが、それ以外のパターンはエッジ側に推論インスタンスを用意しなければなりません。つまり、あらかじめ定められた計算資源をいかに効率的に活用できるかという観点が重要なのです。推論インスタンスをデバイスに組み込んで出荷する、または各地ロケーションにオンプレミス構築する場合、あとからハードウェアを拡張するには非常にコストがかかるため、避けなければなりません。しかし、エッジ側の推論インスタンスのすべてに高性能なスーパーコンピュータを入れることも非現実的な選択肢です。

　ここで重要な点は、次の2点です。相反する内容となりますが、このバランスを取ることが、性能とコストの面で重要な観点となることを覚えておきましょう。

- 計算量が極力少なくなるようなネットワークモデルを選択すること
- 軽量・省電力なハードウェアアクセラレータを選択すること

　エッジの対象デバイス（家電やカメラデバイスなど）にも、制御用の CPU とメモリが搭載されており、理論上はディープラーニングなどの推論プログラムを

動作させることは可能ですが、その計算量から途方もない時間を要することが想定されます。基本的には、制御用 CPU とは別に、ハードウェアアクセラレーションさせる手法を採るのがよいでしょう。

ここからは、現在のハードウェア技術の中で、どのようなアクセラレータを選択すればよいかを掘り下げて紹介していきます。

1. CPU

もっとも汎用的な選択です。オープンソースとして公開されているネットワークモデルの実装例のほとんどを動作させることができます。しかし、シングルタスクでの処理となるため、動作は速くはありません。中には CPU での動作に最適化したネットワークモデルの実装がオープンソースで公開されているため、そちらを使うのもよいでしょう。

図 5-6　CPU の例：「Intel Core i9」（左）と「Qualcomm SnapDragon」（右）

2. GPU

現在、利用可能な最良の選択肢です。最近は、組み込み用に省電力化・軽量化された価格も安価になりつつある「NVIDIA Jetson」シリーズが、エッジへの組み込み用途としては注目のハードウェアです。ディープラーニングにおけるネットワークモデルの多くが、NVIDIA GPU での学習・推論に対応することが多いため、研究開発環境としても適切でしょう。ソフトウェア開発者にとっては、「CUDA」という 1 つのアーキテクチャを理解するだけで、NVIDIA GPU のすべてで学習・推論の両方のプログラムを汎用かつ高速に動作させることができる点は大きなメリットです。また、このことが、ディープラーニング用ハードウェアにおいて NVIDIA が独走状態である理由の 1 つだといえます。そして、ソフ

トウェアアップデートや追加がほかのプラットフォームよりも容易である点は、進化の早いAIの実装としては特筆すべきです。

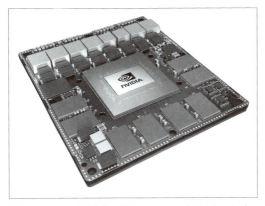

図 5-7　GPUの例：「NVIDIA Jetson AGX Xavier」

3. ASIC

「ASIC」とは、「Application Specific Integrated Circuit」の略で、「特定用途向け集積回路」と訳されます。つまり、特定の用途向けに複数機能の回路を1つにまとめたチップのことです。特化することにより、性能を向上させることができるだけではなく、電力消費と価格も抑えることが可能であるため、AIハードウェアアクセラレータの最終形態として目指すべき大本命といえるでしょう。しかし、汎用性の低さから、限られた用途かつ大量生産が可能なケースのみで有用な選択肢といえます。現在注目すべきASICの実装は、Googleの「Edge TPU」です。TPUは「Tensor Processing Unit」の略で、クラウド側での推論に特化した第1世代、それに学習の機能を付加した第2世代、そして性能を引き上げた第3世代と発表してきており、第1世代、第2世代に関してはすでにGoogle Cloudのサービスとして活用されています。開発者は「TensorFlow Lite」を使って学習済みモデルを構築することで、Edge TPU上で推論を実行できます。Edge TPUは米国の1セントコインよりも小さなチップサイズであるというから驚きです。

それ以外の選択肢としては、Intelの「Movidius」などが挙げられますが、いまだビジネス展開が成功している決定的なディープラーニング用途におけるASIC実装は、2019年3月現在、筆者が知る限りでは存在していません。

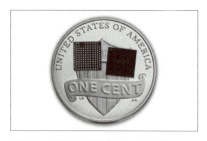

図 5-8　ASIC の例：「Edge TPU」

4. FPGA

「FPGA」は、「Field-Programmable Gate Array」の略で、製造後に購入者や設計者が構成を設定できる集積回路です。長年、産業分野で活用されており、基板設計をあとから変更できるといった柔軟性を持ち、並列同時演算に得意な低消費電力デバイスです。現時点では、ディープラーニング用途においては、コストパフォーマンスはそこまで高いとはいえません。入手性・開発実績・信頼性からFPGAによるディープラーニングを期待する声は多く、また汎用チップであるがゆえに新しいアーキテクチャへの追従も容易なことから、FPGAに最適化されたモデルや学習方法が登場すれば一気に採用機会は増えそうです。

図 5-9　FPGA の例：「Xilinx Kintex UltraScale FPGA KCU1500 アクセラレーション開発キット」

CPU／GPU／ASIC／FPGAのそれぞれの特徴、サービスとしての適用例について、表5-2と表5-3にまとめました。

表5-2 CPU／GPU／ASIC／FPGAの特徴

	ハードウェア アクセラレータ	Deep Learning の主なタスク	特徴			
			性能	汎用性	消費電力	筐体サイズ
CPU	x86 プロセッサ CPU	推論	低	高	中(30W)	小型
	ARM プロセッサ CPU	推論	低	高	低	小型
GPU	NVIDIA Jetson	推論	中	高	低(10W)	小型
	NVIDIA GeForce	学習 & 推論	高	高	中〜高 (75W〜 250W)	デスクトップ 筐体が必要
	NVIDIA Tesla	学習 & 推論	高	高	中〜高 (50W〜 250W)	サーバ筐体が 必要
ASIC	Google Edge TPU	推論	高	中	低(2W)	小型
	その他自作	推論	高	低	低	小型
FPGA		推論	中	中	低	小型

凡例: 良い　普通　悪い

表5-3 CPU／GPU／ASIC／FPGAのサービスの適用例

※時価により変動するため、目安

	ハードウェア アクセラレータ	入手のしやすさ	具体的な適用例	価格※
CPU	x86 プロセッサ	◯(一般流通している)	Windows ／ macOS ／ Linux を搭載する PC	$100〜
	ARM プロセッサ	◯(一般流通している)	Android／iOS を搭載す るスマートフォン Raspberry Pi などの組 み込み用ボード	$50〜
GPU	NVIDIA Jetson	◯(一般流通している)	組み込み用	$299〜
	NVIDIA GeForce	◯(一般流通している)	個人利用	$150〜
	NVIDIA Tesla	◯(一般流通している)	クラウド	$10,000〜
ASIC	Google Edge TPU	−(一般流通している)	組み込み用	未公開
	その他自作	×(ロット生産が必要) ※ Edge TPU が一般流通すれば、 その例に限り◯になりえる	組み込み用	N/A(ロットに よる)
FPGA		◯(一般流通している)	組み込み用	$500〜

COLUMN　IoTの未来はエッジコンピューティングにあり!?

　現代における私達の生活は、数えきれない種類のデバイスに囲まれています。IDC Japanシニアマーケットアナリストの鳥巣悠太氏によると、全世界でインターネットに接続されるモノの数は2016年に120億台を超えており、2020年は300億台、2025年までに800億台ものIoTデバイスがネットワークにつながると予測されています。

　同氏は、IoT市場が引き起こすインパクトの中でも、AIに関連する事項として「IoTの先進ユースケースは全てコグニティブ/AIシステムと統合、各ユースケースが高度化する」「分散協調型用途により、IoTデータの40%がネットワークのエッジ側で処理、分析される」という予測を立てています。「ネットワークのエッジ側」とは、クラウドの反対側にあるという意味で使われており、「クラウドに接続して利用するデバイス側」を指しています。そして、その「エッジ側」で処理や分析を行うことを「エッジコンピューティング」と呼びます。

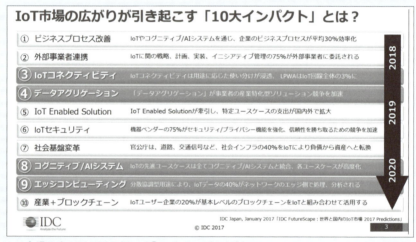

IoT市場の広がりが引き起こす「10大インパクト」とは
（IDC Japan シニアマーケットアナリスト 鳥巣悠太氏のスライドより）

　スマートフォン、パソコン、スマートウォッチ、スマートグラス、スマートスピーカー、センサーデバイス、ネットワークカメラ、ドローン……、挙げていくとキリがないインターネットに接続可能なデバイスは、時間とともに、さらに拡大していくことは間違いありません。コンシューマー以外の用途でも、医療機器（CT、MRI、眼底カメラなど）、建設機械（ICT建機、測量用ドローン、コネクテッドダンプトラックなど）、小売店内機器（POS、防犯カメラなど）といった業界ごとの専門のデバイスも、種類・台数と

ともに拡大していくことが想定されます。

　このうち、エッジコンピューティングの必要性が高いデバイスは、映像や測定データなど、一定時間あたりに大量のデータを出力します。それらのすべての情報をクラウドにアップロードするためには、ネットワーク回線コストの問題、リアルタイム性、場合によってはセキュリティ性の観点から、エッジコンピューティングが必要になります。

　そして、エッジコンピューティングの未来の姿として、工場内に閉じた製造オペレーション管理、病院内に閉じた医療の画像管理といった「現場志向型」エッジコンピューティングの先に、コネクティッドカー（自動運転、V2Vソリューション）、スマートシティ、スタジアム、空港、その他大型施設管理における「分散協調型」エッジコンピューティングがあるとされています。

　5Gの浸透とともに、SFに描かれた世界ではなく、現実として起こり得る光景として、これらを生活に取り込むことになっていくでしょう。

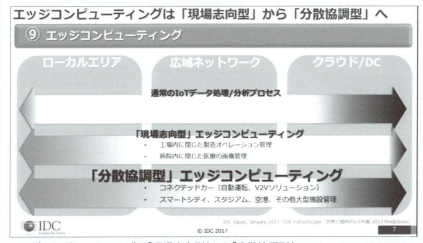

エッジコンピューティングは「現場志向型」から「分散協調型」へ
（IDC Japan シニアマーケットアナリスト 鳥巣悠太氏のスライドより）

● モバイルエッジコンピューティング（MEC）

　5G（コラム参照）では、自動運転や遠隔手術といった高いリアルタイム性が求められる利用シーンを想定し、遅延時間をエンドツーエンドで数ミリ秒に短縮することを目指しています。他方で、今後のAIサービスでは、推論プログラムのレスポンス性能も高いレベルが求められます。しかし、インターネットを介してクラウド上のインスタンスと通信していては、5Gの数ミリ秒といったレス

ポンス性能を実現することは困難です。それゆえ、より高い性能を実現するためには、エッジコンピュータに限りなく近い場所に、推論プログラムをデプロイ（配置）できるかが重要になってきます。

　先ほどのシステム構成パターンでは、フルクラウドより、ハイブリッドまたはフルオンプレミスのほうが、レスポンス性能を高く保つことができることを紹介しました。しかし、現在実現可能な選択肢においては、ネットワークトポロジー（コンピュータネットワークで端末や各種機器が接続されている状況）上で、デバイスにより近い場所でAIによる推論プログラムを走らせることが重要です。ただし、エッジコンピュータの置き場所や電源を現場に確保する必要があったり、場合によってはデバイスそのものに高性能なコンピュータを搭載することで筐体が大きなものになってしまうといったモビリティ性の欠陥を生みやすい懸念があります。

　そこで、登場するのが「モバイルエッジコンピューティング（MEC：Mobile Edge Computing）」であり、5Gのコアネットワークを語る上で欠かせない概念です。MECでは、基地局側にコンピューティングリソースを配置し、AIにおける推論プログラムをデプロイできる仮想環境を構築することが期待されています。今のところ、日本における主要なモバイルキャリア（NTTドコモ、KDDI、ソフトバンク）からは、MEC上に構築される5Gを前提としたIaaS基盤サービスはまだサービス化されていませんが、AIの学習済みモデル・推論プログラムのデプロイ先の選択肢として候補にあがる未来は、そう遠くないものと筆者は考えています。

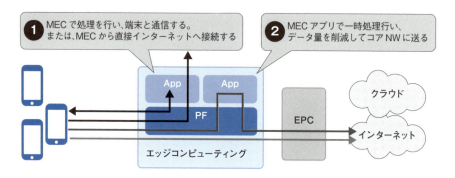

図5-10　MECの概念

COLUMN　5Gへの期待

　1985年に日本で携帯電話のサービスが開始されて以来、モバイルネットワークは時代とともに進化を遂げてきました。サービス開始当初は1Gのアナログ方式のみであった規格は、ネット通信やメールの接続に対応すべく2Gでデジタル化を遂げ、動画閲覧などの高速データ通信を可能にした3Gにおいては、それまで各国地域によってバラバラだった通信規格が国際規格として統一が計られました。そして、さらに大容量・高速化通信が進んだ4G/LTEの登場により、スマートフォンが爆発的に浸透し、今のIT社会を支えているインフラとなっています。

　その4G/LTEにおいても、あらゆるデバイスがネットワークに接続されるAIやIoTの利用では、まだ多くの課題が残されています。センサー数値やテキストといった「軽め」のデータのみならず、映像や音声などの大きめのデータが常時大量に流れることが想定されるためです。つまり、ネットワークカメラなどの映像・音声を取り扱うデバイスにとっては、4G/LTEを用いたとしても、通信コストや遅延、帯域圧迫の問題は避けて通れない課題なのです。それを回避するためにWi-Fi通信を利用する方法もありますが、1つのアクセスポイントでカバーできるデバイス台数は限られることや電波の到達距離にも制限があります。

　そういった問題の解消に向けて大きく期待できるモバイルネットワーク規格として、「第5世代移動通信システム（5G）」に注目が集まっています。5GはLTEよりも高速である上に、超低遅延、多数同時接続を可能にする通信規格であり、日本では2019年に順次導入となる計画が総務省の「新世代モバイル通信システム委員会」より案内されています。1平方キロメートルあたり100万台超の無線デバイスを同時接続できるとされている5Gでは、従来のWi-Fiアクセスポイントを介することなくデバイスを直接モバイルネットワークに接続させつつ、ストレスのない高速通信が可能となります。たとえば、スタジアムにおけるスポーツ観戦など、多くの人が集まる場所において、遅延なく通信できることは大きなメリットです。

　また、大量のデータを高速に通信できる環境が整うことで、エンターテイメント分野のみならず、スマートシティにおける社会インフラ、医療や建設などの専門的領域においても大きく期待が持たれています。たとえば、遠隔による手術ロボットの制御、建設分野などでも同じく遠隔によるICT建設機械を用いた施工などが挙げられます。

● ドローンによる AI 解析

ドローンとは、「無人航空機」(UAV：Unmanned Aerial Vehicle)の総称であり、マルチコプタータイプをはじめとして、さまざまな種類の機体が存在します。近年、スマートフォンの進化とともに、小型化・低価格化が加速しているデバイスです。

その歴史は古く、世界で初めてのドローンは1944年、第二次世界大戦中にアメリカ軍がB-29爆撃機を改造して製作した無人偵察機「BQ-7」といわれています。最大20,000ポンド(9,070 kg)の爆薬と、350マイル(563 km)の射程距離に十分な燃料を搭載可能な巨大なドローンです。ただし、当時は技術的な問題が多く、ミッションを成功させることはなかったようです。

図5-11　無人偵察機「BQ-7」
出典：Wikipedia「無人航空機」

その後、民間での利用が広がるドローンですが、日本は世界的にも見ても早い段階で農薬散布機として活用してきた歴史があります。1987年にヤマハが販売を開始した産業用無人ヘリコプターも、ドローンに分類される機体であり、国内では年間約250機が販売されています。[*1]

[*1] ヤマハ発動機株式会社「無人ヘリコプターの活用事例と今後の動向」(2015年4月7日)より。http://www.mlit.go.jp/common/001086432.pdf

図 5-12　産業用ドローン「DJI Phantom」

　そして現在、世界を牽引するドローンメーカーといえば、中国の DJI、フランスの Parrot、アメリカの 3D Robotics が挙がります。2010 年に Parrot 社が発売した空撮用ドローン「A.R.Drone」が一般消費者向けに「ドローン」という言葉を広げ、3D Robotics がドローンのソフトウェアをオープンソースで開発したことで注目を集めました。そして、現在の世界シェアの 7 割を持っているとされる企業が中国深圳に本社を置く DJI です。これらの民間向けドローンの普及が加速する背景としては、スマートフォンの普及・進化が大きく影響しているといえます。高画質カメラの搭載、GPS による位置補正、ジャイロセンサーによる精度の高い姿勢制御を実現するなど、これまでは難しかった技術課題を 1 つずつクリアすることで、現在のドローンの普及につながっています。

● ドローンの種類
　ところで、ドローンといえば、どのような形を思い浮かべるでしょうか？　おそらく、羽が 4 枚ついた、いわゆる「マルチコプター」の飛行物体をイメージするのではないでしょうか。ドローンとは「無人航空機」であると前述しましたが、ドローンはその形状から大きな分類として、シングルローター、マルチコプターと固定翼の 3 つに分けることができます。

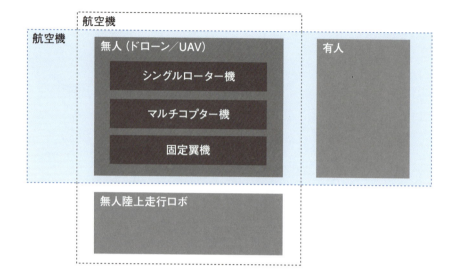

図 5-13　ドローンの位置付け

　ここでは、それぞれの機体の特徴、違いを見てみましょう。なお、それぞれの特徴は、次の記事を参考に執筆させていただきました。

- ドローン情報サイト「COMP-REX」「シングルローター機｜産業用ドローン最新トレンドウォッチャー Vol.3」
  https://comp-rex.com/vol3_trendwatcher
- DroneDeploy「Choosing the Right Mapping Drone for Your Business Part I: Multi-Rotor vs. Fixed Wing Aircraft」
  https://blog.dronedeploy.com/choosing-the-right-mapping-drone-for-your-business-part-i-multi-rotor-vs-fixed-wing-aircraft-6ec2d02eff48

表 5-4 ドローンの比較

比較観点	シングルローター	マルチコプター	固定翼
自動飛行（ウェイポイント飛行）	○	○	○
人による操作性	× （高度な飛行技術）	○ （簡単に飛ばせる）	× （高度な飛行技術）
価格	× （高額）	○	× （高額）
サイズ（持ち運びやすさ）	×	○	×
飛行範囲	○ （広い）	× （狭い）	○ （広い）
安定性（外乱の影響）	○ （影響受けづらい）	× （影響受けやすい）	○ （影響受けづらい）
ペイロード（積載能力）	○	○	× （積載能力ほぼなし）
着地性	×	×	○ （動力停止時に滑空可能）
離着陸範囲	○	○	× （滑走路が必要）
マッピング効率性	○	○	× （旋回に広い面積が必要）

● シングルローター

図 5-14 ヤマハ発動機株式会社の産業用無人ヘリコプター「FAZER R」

　名前のとおり、1つのローターで飛行する機体を指します。一般的なヘリコプターをイメージすればよいでしょう。後述するマルチコプターと異なる点は、1つのローターがさまざまな役割を担っている点です。シングルローター機は1

本のメインマストにメインローターが取り付けられており、このローターを回転させて揚力を得て機体を浮かせます。マルチコプターでは各モーターの回転数を制御して前後左右に移動しますが、シングルローター機は主にメインローターのピッチ角（ローター面の傾き）を制御して移動を行います。このようにピッチ角を制御できる機構を「可変ピッチ」と呼び、ラジコンのヘリコプターでは主流となっている技術です。

> **メリット**
> - ローターで飛行するので効率性が上がり、燃費の向上が期待できる
> - シングルローター機で可変ピッチを採用することで、あらゆるフライトシーンに対応した飛行を行うことができる
> - ペイロードが大きい機体がいくつも発表されている
> - シングルローター機ならではのスピード
>
> **デメリット**
> - 高い飛行技術を要する（ただ、最近は自動制御が可能な機体も登場してきている）
> - 可変ピッチ機構を採用した際は構造が複雑になり、メンテナンス性が落ちる
> - 産業用途の機体は高額になりがち

● マルチコプター

図 5-15　DJI が販売するマルチコプターの例

3つ以上のローターを搭載した回転翼機を指します。「マルチローターヘリコプター」や「マルチローター」とも呼ばれます。マルチコプターは、中心の機体と複数のローターおよびプロペラで構成されます。中でも4つのローターを持つクアッドコプターが有名ですが、6つ(ヘキサコプター)または8つ(オクトコプター)のローターを持つマルチコプターもあります。マルチコプターは、各ローターの相対速度を変化させることで生成される揚力によって、ドローンの飛行中の動きを制御します。

メリット
- 優れた操作性
- こなれた価格
- コンパクトさ
- 使いやすさ
- 高い積載能力

デメリット
- 飛行時間の短さ
- 風の影響を受けやすい

- 固定翼機

図5-16　SenseFlyの固定翼機「eBee」(左)とOPTiMの「OPTiM Hawk」(右)

　主翼が機体に対して固定されており、機体が前進することによって揚力を発生させ飛行する機体を指します。また、固定翼機は2つの翼と1つのプロペラを備えています。飛行中は、2つの翼によって揚力を発生させて、機体を空中に浮かせます。シングルローター機・マルチコプター機と比較すると、各産業分野での導入台数は少ない傾向にありますが、航続可能距離が優れることから、農

業、石油・ガスプラントでの活用が進んでいます。

メリット
- 長時間・長距離飛行が可能
- 高い安定性
- 着地の安全性

デメリット
- 離着陸のための滑走路が必要
- 産業用途の機体は高額になりがち
- 高い飛行技術を要する（最近は自動制御が可能な機体も登場している）
- エリアマッピングの効率の悪さ

●空撮画像の活用

　ドローンの登場により、これまでは見ることが難しかった上空からの画像を、手軽に、低コストで手に入れることができるようになりました。4K撮影による画像は、非常に鮮明で、高度10m程度からの撮影であれば、葉の虫食い状態までも把握することができます。また、可視光だけではなく、さまざまな波長帯の画像を撮影できるマルチスペクトルカメラにより、人間の目では把握できない画像解析（NDVI画像による解析など）を行うことができるようになりました。

葉の様子まで撮影できる

RGB画像とNDVI画像

図5-17　高度10m程度からの撮影画像（左）とマルチスペクトルカメラの画像（右）

しかしながら、課題も存在します。1つ目は撮影画像の枚数が多くなってしまうことです。飛行高度を下げることで高解像度の画像を撮影することができますが、その分、撮影枚数が非常に多くなり、1枚1枚を確認するとなると、膨大な時間と手間がかかります。2つ目は、特定箇所のみを抽出する手間がかかるということです。たとえば、生育調査のための特定の葉色箇所や病害虫の被害箇所のみを抽出したい場合でも、すべての画像を確認する必要があり、これも現実的な作業ではありません。これらの課題を解決するためには、コンピュータの力を借り、画像を解析し、大量のデータを、正確に、すばやく処理する必要があります。

　そこで活躍するのがディープラーニングを使った画像解析です。生育調査であれば、ドローンで空撮した画像をGPUなどのAIハードウェアアクセラレータに入力し、人間に代わってAIに任せることが期待できます。なお、詳しい事例として、「ドローンを用いたピンポイント農薬散布テクノロジー」について第6章で紹介しています。

● 空間分解能と用途

　「空間分解能」とは、カメラデバイスなどを用いてリモートセンシングを行った際、どれだけ小さいものまで描出できるかを示す能力のことです。また、ドローンの飛行高度・搭載カメラの解像度も、機体によって違ってきます。

　さらに、農業分野でドローンを用いる場合でも、地域調査、農地調査、生育調査、防除(広域・狭域)など、さまざまな用途があります。こういった複数の用途における空間分解能の考え方として、図5-18のように整理できます。

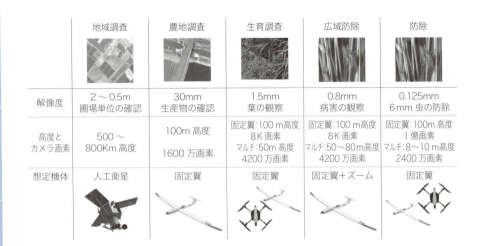

図 5-18　調査の種類と撮影のための機材

● ドローンとエッジコンピューティング

　GPS、高解像度カメラ、フライトコントローラなど、精密部品が組み合わさることで実現される現在のドローンに対して、GPU などの AI ハードウェアアクセラレータを接続するには、いくつかの手法が存在します。

　クラウド側で推論を行うなら、リアルタイム性、映像転送のための回線コスト、GPU コストなどが課題となります。クラウドではなく LAN 内のコンピュータで推論を行う場合も、リアルタイム性と GPU コストが課題となるほか、ドローンと LAN をつなぐ Wi-Fi の電波飛距離が制約になります。これらの課題を考慮する必要がないため、エッジ側で推論プログラムを実行するエッジコンピューティングに期待が集まります。ドローンへの AI ハードウェアアクセラレータの組み込みが当たり前になれば、次のようなメリットを手にできるでしょう。

- ●自律飛行の実現
  危険回避、状況に応じたルート補正の実装。今現在既に実現されているウェイポイント飛行は自律的な回避はできないため、人の手で緊急回避をする必要がある
- ●リアルタイム推論の実現
  ドローンによる撮影データの解析は、ネットワークを介することなくドロー

ンの筐体内のチップで推論処理を行うため、短時間の結果取得が期待できる

これらを実現するために、組み込み向けAIハードウェアアクセラレータの進化には目が離せません。

● ドローンと法規制

各産業分野でのドローンの利用拡大が期待される一方で、安全性やプライバシーの問題のみならず、攻撃やテロなどの可能性への対処が重要視されています。2014年11月に湘南国際マラソン(神奈川県)のスタート地点で空撮用ドローンが落下して関係者が負傷した事件や、2015年4月に首相官邸の屋上において微量の放射性物質を積んだドローンが発見された事件をはじめとして、ドローンを取り巻く社会環境には、さまざまなトラブルが報道されています。官邸ドローン事件以降、急速にドローンに関する法整備が進められ、2015年9月に『無人航空機「ドローン」の飛行を規制する改正航空法』が成立し、同年12月に施行されました。改正前は、ドローンは模型航空機の一種とされており、上空250m以上の飛行のみが禁止されていましたが、改正後は空港周辺や人口密集地区の上空で飛行する場合は許可を受ける必要があるなど、飛行に関するルールが厳格化されています。

法律上は、航空法132条に定義されており、そのルールの詳細は国土交通省から案内されています。

> 航空法132条
> 第九章　無人航空機
> (飛行の禁止空域)
> 第百三十二条　何人も、次に掲げる空域においては、無人航空機を飛行させてはならない。ただし、国土交通大臣がその飛行により航空機の航行の安全並びに地上及び水上の人及び物件の安全が損なわれるおそれがないと認めて許可した場合においては、この限りでない。
>
> 一　無人航空機の飛行により航空機の航行の安全に影響を及ぼすおそれがあるものとして国土交通省令で定める空域
> 二　前号に掲げる空域以外の空域であつて、国土交通省令で定める人又は家屋の

密集している地域の上空

国土交通省からの案内
以下の(A)～(C)の空域のように、航空機の航行の安全に影響を及ぼすおそれのある空域や、落下した場合に地上の人などに危害を及ぼすおそれが高い空域において、無人航空機を飛行させる場合には、あらかじめ、国土交通大臣の許可を受ける必要があります。

(A) 空港周辺の空域
(B) 地表または水面から１５０ｍ以上の高さの空域
(C) 人口集中地区の上空（人口集中地区に該当する区域は 航空局ホームページにてご確認ください。）

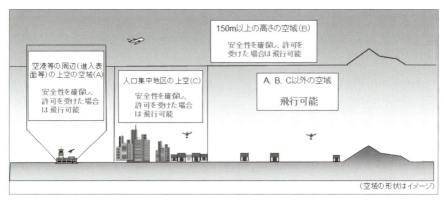

図5-19　無人航空機の飛行の許可が必要となる空域
出典：国土交通省（http://www.mlit.go.jp/koku/koku_fr10_000041.html）

航空法132条の2
第百三十二条の二　無人航空機を飛行させる者は、次に掲げる方法によりこれを飛行させなければならない。ただし、国土交通省令で定めるところにより、あらかじめ、次の各号に掲げる方法のいずれかによらずに飛行させることが航空機の航行の安全並びに地上及び水上の人及び物件の安全を損なうおそれがないことについて国土交通大臣の承認を受けたときは、その承認を受けたところに従い、これを飛行させることができる。

一　日出から日没までの間において飛行させること。
二　当該無人航空機及びその周囲の状況を目視により常時監視して飛行させること。
三　当該無人航空機と地上又は水上の人又は物件との間に国土交通省令で定める距離を保つて飛行させること。
四　祭礼、縁日、展示会その他の多数の者の集合する催しが行われている場所の上空以外の空域において飛行させること。
五　当該無人航空機により爆発性又は易燃性を有する物件その他人に危害を与え、又は他の物件を損傷するおそれがある物件で国土交通省令で定めるものを輸送しないこと。
六　地上又は水上の人又は物件に危害を与え、又は損傷を及ぼすおそれがないものとして国土交通省令で定める場合を除き、当該無人航空機から物件を投下しないこと。

国土交通省からの案内
飛行させる場所に関わらず、無人航空機を飛行させる場合には、以下のルールを守っていただく必要があります。

［1］　日中(日出から日没まで)に飛行させること
［2］　目視(直接肉眼による)範囲内で無人航空機とその周囲を常時監視して飛行させること
［3］　人(第三者)又は物件(第三者の建物、自動車など)との間に３０ｍ以上の距離を保って飛行させること
［4］　祭礼、縁日など多数の人が集まる催しの上空で飛行させないこと
［5］　爆発物など危険物を輸送しないこと
［6］　無人航空機から物を投下しないこと

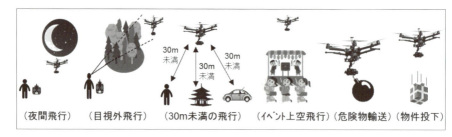

図 5-20　無人航空機の飛行の方法
出典：国土交通省（http://www.mlit.go.jp/koku/koku_tk10_000003.html）

　航空法のほか、ドローンに関しては次の法律の対象になります。サービス化を行う前には必ずチェックしておきましょう。

● 小型無人機等飛行禁止法
　国会議事堂や内閣総理大臣官邸、外国公館、原子力事業所の周辺地域を飛行禁止空域と定めています。また、たとえば「米国大統領の来日時などの特定のイベント」の際には、大統領の宿泊施設周辺などが飛行禁止エリアに指定される場合があります

● 道路交通法
　第77条で、「道路において工事若しくは作業をしようとする者又は当該工事若しくは作業の請負人」は、「当該行為に係る場所を管轄する警察署長の許可を受けなければならない」と定められています。ドローンの離着陸を道路上や路肩で行う場合はこれに該当するため、事前申請を行い、許可を得ておくことが必要です。また、交通の妨げの可能性がある低空飛行を行う際なども同様に許可が必要です。

● 民法
　第207条に土地所有権の範囲が定められています。私有地にあたる場所の上空をドローンが飛行する際には、その土地の所有者や管理者の許可を受けておくことが望ましいでしょう。私有地には電車の駅や線路、神社仏閣、観光地、山林などが含まれるため、注意が必要です。

● 電波法
　ドローンを飛行させる際は、操縦や飛行中映像を転送するためにいくつかの無線電波を利用します。ほかの装置との混線などを防ぐため、日本国内にお

いては「特定無線設備の技術基準適合証明(通称：技適)」の取得が義務付けられています。DJIやParrotなど大手ドローンメーカーの正規代理店からの購入であれば技適取得済の機体が納品されるため問題ありませんが、海外で購入したドローンや並行輸入したドローンなどについては技適を通過していない可能性があるため、注意しましょう。現在、ドローンへの搭載が許可される無線設備は次のとおりです(総務省「ドローン等に用いられる無線設備について」[*2]を参考に作成)。

表 5-5　ドローンなどに用いられる無線設備

分類	無線局免許	周波数帯	送信出力	利用形態 操縦用	利用形態 画像伝送用	利用形態 データ伝送用	備考	無線従事者資格
免許及び登録を要しない無線局	不要	73MHz帯など	500mの距離において、電界強度が200μV/m以下のもの	○	ー	ー	ラジコン用微弱無線局	不要
	不要(技適必須)	920MHz帯	20mW	○	ー	ー	920MHz帯テレメータ用、テレコントロール用特定小電力無線局	
		2.4GHz帯	10mW/MHz	○	○	○	2.4GHz帯小電力データ通信システム(Wi-Fiで使われる電波帯。Wi-Fiとして5G帯は規制されているため利用不可)	
携帯局	要	1.2GHz帯	最大1W	ー	○	ー	アナログ方式限定(2.4GHz帯および5.7GHz帯に無人移動体画像伝送システムが制度化されたことに伴い、1.2GHz帯からこれらの周波数帯への移行が推奨されている)	第三級陸上特殊無線技士以上の資格
携帯局陸上移動局	要(運用調整を行うこと)	169MHz帯	10mW	○	○	○	無人移動体画像伝送システム(平成28年8月に制度整備)。5.7GHz帯はFPVレーシングドローンでの映像転送に使用する電波帯	
		2.4GHz帯	最大1W	○	○	○		
		5.7GHz帯	最大1W	○	○	○		

[*2] https://www.tele.soumu.go.jp/j/sys/others/drone/

また、現在は許可が降りていませんが、4G/LTE通信機をドローンに搭載すべく、NTTドコモ、KDDI、ソフトバンクなどの主要通信キャリア各社が実証実験を進めている事例があります。このあたりは、今後の規制緩和を楽しみに待ちましょう。

● 都道府県、市町村条例

上で紹介した法律は全国各地共通のルールとなりますが、それとは別に各自治体によりドローンの利用が禁止・制限されるケースがあります。都道府県条例や市町村の条例を確認したり、問い合せをしたりするとよいでしょう。

5-3 サービスオペレーション

ここまで、AIサービスを構成する要素として、IoTデバイス、AIハードウェアアクセラレータ、クラウド、および各々にデプロイされるソフトウェア群、それらをつなぐネットワークがあり、それらのすべてが垂直的に結合されて初めて動作するシステムである旨を説明してきました。これは極めて複雑なシステムであると同時に、個人や1つの企業だけですべてを提供することは困難な領域といえるでしょう。

● サービスレベル

サービスを提供する、または導入する際に考えなければならないことは、複雑なシステムを安定して動作させ続けることができるどうかという点です。情報処理系の試験に出題される問題の「システムの可用性」、それを数値で表現する「稼働率」の考え方を当てはめてみると、一目瞭然です。

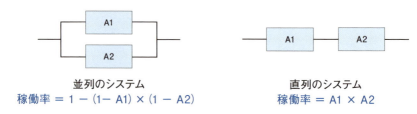

図 5-21　稼働率の考え方

つまり、システムA1とシステムA2がある場合、並列に接続するのと直列に接続するのでは、全体としての稼働率に大きく差が出てくるということです。また、どちらか一方が故障などで利用できなくなっても、並列接続であればシステム自体は稼働するということも意味しています。

一般的なWebアプリを冗長化して構成する場合と、AIサービスを垂直統合型で提供する場合とで、簡単な例を示してみましょう。わかりやすいように、登場するデバイスの稼働率は一律99%と仮定します。

- ●一般的なWebアプリ

  「サーバ」を2台並列接続してWebアプリを提供する場合の稼働率は、次のようになります。

  稼働率＝1－((1－0.99)×(1－0.99))＝99.99%

  つまり、1年のうちの計画外停止時間は1時間未満ということです。

- ●AIサービス

  「ネットワークカメラ」1台で撮影した映像を「GPUマシン」1台で推論して、結果を「Webサーバ」1台のデータベースに格納すると同時にダッシュボードUIに表示する場合の稼働率は、次のようになります。

  稼働率＝0.99×0.99×0.99＝約97%

  つまり、1年のうちの計画外停止時間は約11日（263時間）も生じてしまうことになります。

現実世界では、このように単純な数式で表現できることばかりではありませんが、大まかな傾向をつかむ意味で1つの目安になるでしょう。すなわち、**複数の構成要素から成る垂直統合されたAIサービスを安定して提供し続けることは、課題が多い**ということです。可用性を向上させるための対策として、事前に打てる手の例としては次のような事項が考えられます。

- ●クラウドインスタンス（Webサーバなど）

  冗長構成を組むことにより、稼働率を向上させることが可能です。ミッションクリティカルなサービスにおいて、システムの冗長化は必須事項です。そして、システム稼働に問題が発生した場合の対応策（エスカレーション規定）をあらかじめ定めておき、計画外停止が発生しても早期に復旧できるような

体制を構築しておくことが大切です。

- ●センサーデバイス、ネットワークカメラ

  いつでも交換できるように、故障時の代用品を用意しておくことが重要です。また、ユーザーとベンダーとの間で、あらかじめオンサイト保守に関するルールを取り決めておくことも重要です。

- ●エッジコンピュータ

  クラウドインスタンスと同様に、冗長化構成をとって稼働率を向上させることが可能です。ただし、設置場所や電源の確保が必要であり、ハードウェアだけでも倍の初期コストがかかることから、サービスレベルに対するコストバランスを考慮する必要があります。センサーデバイスと同様に、あらかじめオンサイト保守のルールを決めておきましょう。

- ●ネットワーク回線

  キャリア回線が100%信頼できるとは限りません（日本国内において約3,060万回線に影響を与えた、2018年12月6日に発生したソフトバンクの通信障害は記憶に新しい出来事です）。回線ダウン時のデータ欠損リスクについて、顧客とコンセンサスをとっておくことが望まれます。そして、ソフトウェアの機能としてデータキャッシュ機構を搭載しておくか、ミッションクリティカルなデバイスにおいては、（現在は選択肢が限られますが）デュアルSIMの採用などのバックアップ回線を前提としたハードウェアを検討するなどしてもよいでしょう。

●オペレーション設計

AIサービスを導入するにあたって、あらかじめ運用を見据えた設計を行っておくことが重要です。AIの利用段階では、データ収集を担うデバイスやエッジコンピュータといった、IoTデバイスをふんだんに扱うサービスであるからです。

運用設計に必要な観点としては、次のようなものが挙げられます。

キッティング

- ●IoTデバイスやネットワーク機器などの必要機材、および回線サービスの調達ルートの確立
- ●IoTデバイスのOS、ミドルウェア、アプリケーションのインストール手順の確立

- IoTデバイスの初期設定、デバイス識別トークンの払い出し
- AIハードウェアアクセラレータを含むエッジ・クラウドインスタンスへの学習済みモデルのデプロイ、IoTデバイスの接続設定
- システム全体のパフォーマンスチェック、セキュリティチェック

監視

- IoTデバイス、エッジコンピュータ（その先につながるセンサーデバイス）、クラウドインスタンスの死活監視、リソース監視のそれぞれの手法の確立

保守

- 遠隔からのソフトウェアアップデート手法の確立
- 瑕疵対応の人員スタンバイ。そのための保守契約の締結
- ロケーションを切り分ける形で、クラウド保守であれば遠隔保守体制の構築を、エッジの保守であればオンサイト保守体制の構築を事前に行っておく。国をまたぐ場合はネットワーク遅延リスクや法的リスク（GDPRや輸出における該非判定）を事前に行う

　冗長構成を組んで稼働率を上げ、運用設計を万全に保守性を高めたとしても、AIやIoTなどの新しい技術を導入する場合は、問題がゼロということには決してなりません。問題は起きるものだということを前提にして運用設計に臨む姿勢が大切です。

　そして、事前に運用設計を行う上で、安定的にシステムを運用しつつ、それらを拡張し続けるためにどうすればよいのかを考えることはとても重要です。たとえば、外的要因が代わって学習済みモデルを入れ替えなければならない場合には、それを入れ替えるために大きくコストがかかっていたようでは、ビジネスは成り立ちません。モジュールを入れ替えやすい構成にできるかどうかは、システムを開発する上での鍵となります。これを行うには、システムを運用する者と設計・開発する者が、互いの立場を考慮しながら連携を行うことが、プロジェクトの始めの段階から必要です。このようなニーズに対して、従来のソフトウェア開発プロセスでは、「品質とスピードの両立ができない問題」や「開発規模拡大に組織スケールアウトが追いつかない問題」など、しばしば困難な状況に陥ることがあります。そこで登場する考え方が、「DevOps」「SRE」です。

● DevOps

「DevOps」(デブオプス)は、近年提唱されたソフトウェア開発手法の1つです。開発(Development)と運用(Operations)を組み合わせた言葉であり、「市場投入までの時間短縮」「リリース時の失敗率低減」「障害回復時間の短縮」などを目標に、開発担当者と運用担当者が連携して協力する開発手法です。DevOpsという言葉は2009年のオライリー主催のイベント「Velocity 2009」において、画像ホスティングWebサイトFlickrのエンジニアにより初めて公の場で用いられ、有名になりました。このプレゼンテーションでは、「開発と運用が協力することで、1日に10回以上のペースでのリリースが可能になる」という発表とともにDevOpsという単語が用いられました。

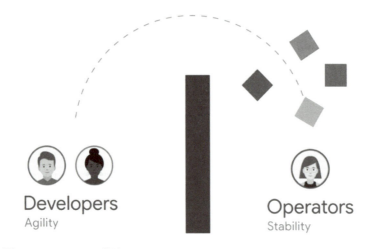

図 5-22　DevOps の概念

出典：YouTube「Google Cloud Platform - What's the Difference Between DevOps and SRE? (class SRE implements DevOps)」[*3] より

図5-22は、Googleのエンジニアが DevOps を解説する YouTube 動画の1コマで、「開発者(Developers)は、自身のソースコードを運用担当者になげつけ」「運用担当者(Operators)は、そのソースコードを実行し続ける責任がある」という状況を説明しているイラストです。ソースコードの内容を理解していな

[*3] https://www.youtube.com/watch?v=uTEL8Ff1Zvk

い運用担当者、そして運用手法を理解していない開発者の間に壁があり、運用担当者はプログラムが信頼できるものであるかどうかに関心があり、開発者は自身が作ったプログラムが正しく運用してもらえるかを心配する、まさに衝突が生まれやすいという組織構造を表しています。DevOps はこれらの壁を取り払うための手法として提唱されてきたといえるでしょう。

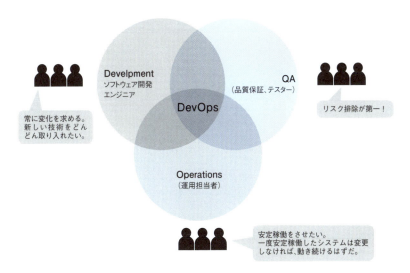

図 5-23　DevOps の構成

　DevOps が掲げる目標を達成するためには、図 5-23 のように相反する性質を持つチーム同士が連携することが重要とされています。そのためには、1 つの部門または個人のパフォーマンスではなくシステム全体のパフォーマンスに重点を置くこと、顧客とのコミュニケーションを含めたフィードバックループを高頻度に回すこと、継続的な実験と実践を繰り返し行っていくことが重要です。この考え方を実際のプロジェクトに当てはめるための手法として、次のようなツールを利用しながら、チーム運営を行っていくことが推奨されます。

- ●バージョン管理システム（Git ／ GitHub ／ GitLab ／ GitBucket）
  ソースコードなどの変更履歴を管理するためのツールです。最近は、分散型バージョン管理システムである「Git」がデファクトスタンダードとなっており、GitHub を始めとして Git がホスティングされたクラウドサービスは

SaaSとしてすぐに利用できます。

● プロジェクト管理システム(Redmine ／ Backlog ／ JIRA)
プロジェクトで発生するタスクや問題、ToDoなどの進捗状況をWeb上で一括管理し、作業や進捗の見える化を行うためのシステムです。ガントチャート、チケット管理、Wiki、バージョン管理、ドキュメント管理などを内包し、製品ごとに仕様・組み合わせはさまざまです。

● CIツール(Jenkins ／ GitLab CI ／ Circle CI)
CIとは継続的インテグレーション(Continuous Integration)の略称です。開発者がソースコード変更作業を行い、マスターリポジトリにそれを反映したタイミングで、ビルドとテストが自動で実行される仕組みです。開発者の手間を削減する効果的なツールです。

● CDツール(Docker ／ Chef ／ Ansible)
「CD」とは「継続的デリバリー(Continuous Delivery)」、または「継続的デプロイメント(Continuous Deployment)」の略です。継続的インテグレーションを拡張した手法で、ビルドやテストだけではなく、リリースプロセス全体を自動化する仕組みです。継続的デリバリーは、すべての変更に対して、いつでも本番リリースが可能な状態を保証していることを意味しており、最終的なリリース判断は人間の手に委ねられます。それに対して、継続的デプロイメントは、人間による明示的な承認なしで自動的に本番環境にデプロイされるため、ソフトウェアリリースのプロセス全体が自動化されます(継続的デプロイメントは継続的デリバリーを含む仕組みであり、その逆は成立しません)。開発環境と本番環境の双方において、OSやミドルウェアのレイヤーにおける環境依存性を排除するためのツールを駆使することが推奨されています。

● モニタリングツール(DataDog ／ Zabbix)
モニタリングとは、ネットワーク機器やサーバインスタンス、その上で動作するアプリケーションプロセスが正常に動作しているかを常時監視するための仕組みを意味します。死活監視のみならず、Dockerコンテナなど、仮想化された実行空間のメモリ・CPUの使用率といったメトリクス監視を行うことは、システムの安定運用を実現するためには必須事項です。最近は、Kubernetesによるコンテナオーケストレーションツールの普及により、監視対象が動的に変化する環境が当たり前となり、モニタリングの重要度は以

前よりも増しています。そして、AIプロジェクトでは、限られたAIハードウェアアクセラレータ資源を無駄なく有効に扱えているか（またはキャパシティオーバーの推論をさせていないか）といった観点で監視することが、今後より一層求められるようになるでしょう。

● コラボレーションツール（Slack ／ Teams）
チーム全体でのフィードバックループを高頻度に回すためには、組織間のコラボレーションを促進する仕掛けが欠かせません。たとえば、Slackをはじめとするチャットツールは、単なるコミュニケーションツールとしての役割を超え、システムやプロジェクトそのものを間接的に管理できるツールとして普及しつつあります。エンジニアとビジネス間の意見を気軽に吸い上げ、コミュニケーションを円滑にするだけではなく、継続的インテグレーション（CI）ツールやチケット管理ツールと連携することで、即時にシステムに反映することができる役割も持ち合わせています。これにより、承認プロセスさえも会話（チャット）の中で完結し、リードタイムの大幅削減が期待できます。

DevOps は、確立された 1 つの方法論があるわけではなく、組織の数だけ、そのやり方は存在しているといえます。また、すべての工程にツールを導入することが正しいとも限りません。AI プロジェクトは、AI の学習済みモデルや推論プログラムはもちろんのこと、エッジ向けのアプリケーション、クラウド上のデータベースシステム、Web アプリといった個別のソフトウェアが組み合わさって 1 つのシステムを構成しています。システム全体の品質・スピードを両立させるための鍵として、DevOps を導入し、活用するとよいでしょう。

● SRE
SRE とは「サイト・リライアビリティ・エンジニアリング（Site Reliability Engineering）」の頭文字を取った略称で、Google が提唱、実践しているシステム管理とサービス運用の方法論です。前述した DevOps が思想であったとしたら、SRE はそれを実現するための役割定義の形の 1 つと捉えることができます。また、「サイト・リライアビリティ・エンジニア（SRE を実行に移すエンジニア）」そのものを指し示す場合もあります。

DevOps と SRE の関係性について、最近は「class SRE implements DevOps」という表現を Google は使うようになりました。DevOps はあくまでも「思想

(interface)」であり、SRE は「実装(implement)」であるという表現は、ソフトウェアエンジニアであれば納得感があるのではないでしょうか。そして、SRE はソフトウェアエンジニアにオペレーションチームの設計を依頼したときに考慮されるイロハともいえ、一般に、SRE チームは、サービスの可用性、待ち時間、パフォーマンス、効率、変更管理、監視、緊急対応、およびキャパシティプランニングを担当するとされています。

- トイル(労苦)を撲滅する
- サービス信頼性目標に違反しない範囲で、最大限の変化を追求する
- モニタリングと、ソフトウェアにより自動判別される段階的アラートの設計
- 緊急対応
- 変更管理
- 需要予測とキャパシティプランニング
- プロビジョニング
- コスト効率とパフォーマンス

上に挙げた SRE の原則については、本書では詳細には解説しきれない内容です。また、SRE は Google が実践・提唱する考え方として参考に値する内容ですが、組織の数だけ正解が存在する発展途上の概念であることも念頭においておく必要があるでしょう。AI プロジェクトのような組織を横断してシステム全体の品質・スピードを両立させるための鍵として、DevOps と合わせて、活用するとよいでしょう。

より理解を深めたい方は、次の書籍を読んでおくことを推奨します。

- 『マイクロサービスアーキテクチャ』
  Sam Newman 著、佐藤 直生 監訳、木下 哲也 訳／オライリー・ジャパン／ ISBN978-4-87311-760-7
- 『プロダクションレディマイクロサービス ——運用に強い本番対応システムの実装と標準化』
  Susan J. Fowler 著、佐藤 直生 監訳、長尾 高弘 訳／オライリー・ジャパン／ ISBN978-4-87311-815-4

- 『SRE サイトリライアビリティエンジニアリング ——Googleの信頼性を支えるエンジニアリングチーム』
Betsy Beyer、Chris Jones、Jennifer Petoff、Niall Richard Murphy 編、澤田 武男、関根 達夫、細川 一茂、矢吹 大輔 監訳、Sky株式会社 玉川 竜司 訳／オライリー・ジャパン／ ISBN978-4-87311-791-1
- 『入門 監視 ——モダンなモニタリングのためのデザインパターン』
Mike Julian 著、松浦 隼人 訳／オライリー・ジャパン／ ISBN978-4-87311-864-2
- 『Infrastructure as Code ——クラウドにおけるサーバ管理の原則とプラクティス』
Kief Morris 著、宮下 剛輔 監訳、長尾 高弘 訳／オライリージャパン／ ISBN978-4-87311-796-6

また、2019年3月現在、上記の『SRE サイトリライアビリティエンジニアリング』の原書である『Site Reliability Engineering』、および、『The Site Reliability Workbook』の2冊の内容をGoogleが無償で公開しています。

https://landing.google.com/sre/books/

● コンテナポータビリティ

「コンテナポータビリティ」とは、実行環境に依存することなく、ソフトウェアのデプロイ・実行が約束され、なおかつ遠隔アップデートが自動化されることで継続的デリバリーが整備された状態を意味します。クラウドエンジニアでないと、難しく聞こえるかもしれません。コンテナポータビリティの詳細に入る前に、仮想化技術の歴史に触れつつ、AIプロジェクトにおいてコンテナポータビリティを注視すべきかなのかを説明していきましょう。

今や、システム開発・運用の現場では、スケールの拡大に柔軟性を持つための仮想化技術の採用は当たり前になっています。仮想化技術の歴史を振り返ると、1995年にJava仮想マシンが登場し、1999年にVMWareが登場することで、x86システムの本格的な商用仮想化OSが展開されました。そして、データセンター全体を仮想化する「OpenStack」、同時期に「Amazon Web Service (AWS)」を筆頭にIaaS(Infrastructure as a Service)／ PaaS(Platform as a

Service)といったクラウドコンピューティングそのもののサービス基盤が世界的に広がり、仮想化されたクラウドリソースに容易にアクセスできる環境が整いました。

　従来から仮想化技術として普及してきた手法は、VMwareなどが展開するハイパーバイザー型の仮想マシンでした。ハイパーバイザー型の仮想化ソフトウェアは、複数のOS環境とアプリケーションを1つのファイルイメージとして取り扱い、可搬性の高い基盤を提供します。しかし、複数のOSを集約した場合に性能が劣化することや、アプリケーションごとにミドルウェアのバージョンが異なるといった前提条件の違いによるアプリケーションの動作保証をOSやミドルウェアのレイヤーで切り分ける必要があることなど、サービス拡大の障壁としてたびたび問題視されてきました。

　仮想化されたコンピューティングリソース空間において、開発したアプリケーションをどこでも環境依存なく実行できる仕組みに対するニーズが強くなってきたことへの1つの解が「コンテナによる仮想化」です。コンテナによる仮想化は、アプリケーションをカプセル化する技術として、先ほど説明したDevOpsを実現するために目指すべき方向性として必要不可欠な手法です。

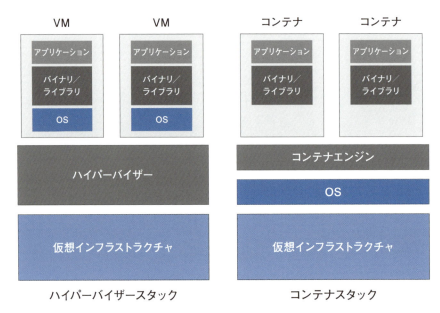

図5-24　ハイパーバイザーとコンテナの構成

AIプロジェクトでは、AIハードウェアアクセラレータを含むエッジ・クラウドインスタンスへの学習済みモデル、そこにつながる大量のIoTデバイスのそれぞれに対する継続的デリバリーを実現するために、コンテナポータビリティが有用であることは間違いありません。このとき、コンテナによって仮想化された各アプリケーションサービスに対して、遠隔からのアップデートが手法を確立しておくことが重要です。たとえば、あるAIサービスを提供中に、AIの学習済みモデルを追加学習させ、アップデートをする必要が生じた場合、どのような対応があり得るか、次2つのパターンを比べて考えてみましょう。

- プル型:デバイスにログインして中からアップデート用サーバに最新ファイルを取得しにいく構成
- プッシュ型:アップデート用サーバにファイルを配置するだけで、デバイスが自動的にアップデートされる構成

　前者をもう少し具体的に述べてみると「デバイスの中にリモートデスクトップやSSHなどでログインした状態で、外部からファイルをダウンロード、インストールする」という方法です。この方法では、デバイスが数台であれば、運用担当者が人力で行えば事足りますが、100台から1,000台、そして10,000台とデバイスの数が増えてきたら、とたんに困難になります。したがって、後者に挙げたプッシュ型の仕組みが好ましいということになり、コンテナポータビリティが担保されているといえる1つの根拠となります。しかし、これを実現するためには、アップデート処理を担当するソフトウェアをあらかじめデバイス側に準備しておく必要があります。また、アップデート対象はアプリケーション本体ではなく、ミドルウェアかもしれません。つまり、ほかのアプリケーションに影響を及ぼす可能性も考慮しつつ自動化を行う必要があるというわけです。そこで注目したい技術として、「コンテナによるカプセル化」「オーケストレーションさせる仕組み」の2つが挙げられ、コンテナポータビリティを確立するための重要要素となります。

コンテナ技術関連のオープンソースソフトウェアとして「Docker」が、オーケストレーションツールとしては「Kubernetes」が、デファクトスタンダードになりつつあります。ただし、日進月歩で進化を続ける界隈において、覇者が決まったというにはまだ早い時期なのかもしれません。

　図 5-25 に示したカオスマップ[*4]は、Linux Foundation[*5] の配下の「CNCF (Cloud Native Computing Foundation)」[*6] という組織が公開しているクラウド技術の一覧です。コンテナやオーケストレーションなどのモダンな仮想化技術を支えるソフトウェアがひしめき合う、百花繚乱の世界といえるでしょう。

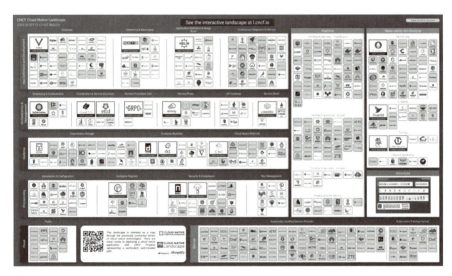

図 5-25　CNCF Cloud Native Landscape

[*4]　ある業界やサービスについてプレイヤーをその中のサブカテゴリー別にまとめたもの
[*5]　https://www.linuxfoundation.jp/
[*6]　https://landscape.cncf.io/

本書では、それぞれのツールの詳細に触れることはありませんが、「Docker」「Kubernetes」をはじめとするコンテナ技術についての動向は、ウォッチしておくとよいでしょう。冒頭で述べたとおり、AIの推論プログラムを動作させる場所やデバイスとの接続パターンは多岐に渡り、ユーザーの要望レベルは日に日に高くなっていくことが想定されます。AIプロジェクトを通して、せっかく開発した学習済みモデル・推論プログラム・周辺のアプリケーションが、さまざまな環境で活用できるように、コンテナポータビリティを追い求めていくことが重要になってくるでしょう。

第6章
AIプロジェクト・ケーススタディ

最後となる本章では、ここまで説明してきたことを実際の現場で活用している事例を紹介していきます。どのような課題があり、それをAIを使ってどのように解決しているのか、すでに稼働している事例は、自分の課題を解決するための参考になるでしょう。

なお、ここで紹介している事例は、すべて著者の所属するオプティムが関わったものであることをお断りしておきます。客観性を保つ記述を心がけましたが、実現できていないところもあるかもしれません。しかし、実際に携わったからこその実態や通常の事例紹介では言及されることが少ない貴重な内容もあるので、興味深いと思います。

6-1　第4次産業革命の時代
6-2　農業AI
6-3　建設AI
6-4　医療AI
6-5　小売AI

6-1 第4次産業革命の時代

　現代を生きる我々は、人類が未だかつて経験をしたことのない、豊かで多様な生き方を選択できる時代を歩んでいます。健康で文化的な最低限度の生活が約束される時代、人種・性別・世代・価値観・宗教・障害の有無に依存しない多様性を受容する時代、どんな情報に対しても瞬時にアクセスできる時代、手のひらに収まるサイズまで小型化されたコンピュータを誰もが持つ時代、空間上の実態距離に対するコネクションハードルがほぼなくなる時代へと、人々の生活やコミュニケーションの在り方は変わり続けています。そして、これらはテクノロジーの登場によって、巻き起こるパラダイムシフトがもたらした産物といえます。

　時はさかのぼること18世紀半ば、イギリスのマンチェスターを中心に工場制機械工業を実現した「第1次産業革命」では、ミュール紡績機（天然繊維を撚って連続的に糸にする装置）や蒸気機関を動力とした力織機（機械動力式の織機）などの発明によって、綿織物工業における生産速度が大幅に上がりました。

　その後、石油・電力による大量生産・大量輸送を実現した「第2次産業革命」では、ガソリンエンジンが発明されて飛行機や自動車の実用化が進み、フォードやゼネラルモーターズなどの自動車企業が、組み立てラインだけではなく、材料から完成車まで全工程の垂直統合を図り、「大量生産」を可能にしました。時を同じくして、アメリカを中心に送電技術の発明がなされ、産業として発展していくことになります。

　さらに、コンピュータの普及によりデジタル化を実現した「第3次産業革命」では、産業用ロボットによる生産の自動化が進み、同時にインターネットの普及によってGoogle、Apple、Facebook、AmazonなどのIT企業が大きく成長しました。

　大量生産、大量輸送、大量消費、そして情報化社会へと技術革新によって高度化されて時代が変化していく未来イメージは、本書が掘り下げる対象として大変興味深い話題でしょう。人間にしか判断・制御できなかった複雑な業務が、AIやIoTの登場によってどのように自動化され、社会に変化をもたらすのでしょうか。まさに新たな産業革命として「第4次産業革命（インダストリー 4.0）」と呼ばれており、我々の世代の次の一手によって真価が問われようとしているのです。

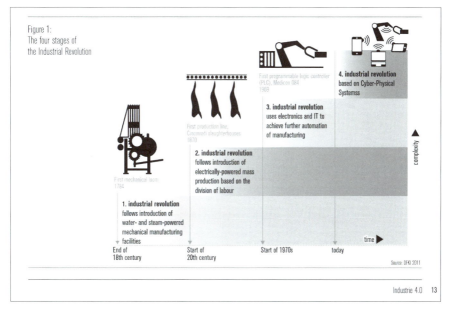

図 6-1　産業革命の歴史

出典：Recommendations for implementing the strategic initiative INDUSTRIE 4.0. Final report of the Industrie 4.0 Working Group[*1]

　そして、産業革命と同時に発展を遂げた分野として、医療は注目すべき領域です。過去 200 年のほとんどの期間、平均寿命は右肩上がりで延びてきました。そして、WHO（世界保健機関）が 2018 年に発表した統計によると、世界第 1 位の平均寿命は、84.2 歳である我が国「日本」です。図 6-2 に示したのは、内閣府が発表した『高齢社会白書』から引用した日本の平均寿命の推移（推計）ですが、今後、さらに平均寿命が延びる、つまり高齢化が進むと推測されていることがわかります。

[*1] https://www.acatech.de/Publikation/recommendations-for-implementing-the-strategic-initiative-industrie-4-0-final-report-of-the-industrie-4-0-working-group/

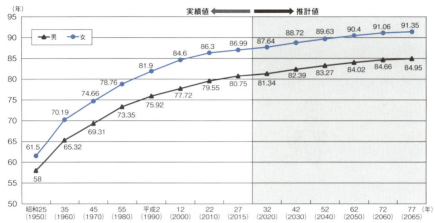

図 6-2　日本の平均寿命の推移と将来推計

出典：内閣府『平成29年版高齢社会白書』(https://www.cao.go.jp/kourei/whitepaper/w-2017/html/zenbun/s1_1_1.html)

　同時に、人口減少、少子高齢化、労働人口不足が加速的に進行している課題先進国として、日本は注目されています。

　図 6-3 に示したのは、同じ「高齢社会白書」から引用した高齢化の推移（推計）です。複合グラフになっているので少しわかりづらいのですが、現在の総人口が約 1 億 2,693 万人で、65 歳以上の「高齢化率」が 27.3%、「生産年齢人口」である 15 〜 64 歳が 7,656 万人（60.3%）、0 〜 14 歳が 1,578 万人（12.4%）であることが読み取れます。約 20 年後の 2040 年の数字を見ても、総人口が 1 億 1,092 万人と 1 割以上も減少するのに対し、65 歳以上の人口が 2,239 万人と増加しているため、高齢化率は 35.3% となります。その反面、15 〜 64 歳の人口は 5,978 万人、0 〜 14 歳の人口も 1,194 万人と減少しており、労働力不足・少子高齢化が進み、その傾向が続くと予想されていることがわかります。

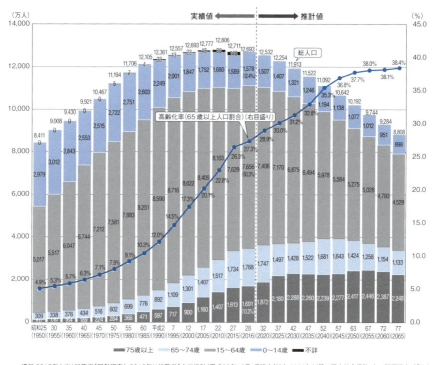

図 6-3 高齢化の推移と将来推計
出典：内閣府『平成 29 年版高齢社会白書』（https://www8.cao.go.jp/kourei/whitepaper/w-2017/html/zenbun/s1_1_1.html）

そこで、最終章では、そういった課題先進国「日本」だからこそ、それをレバレッジに実現されつつある AI サービス事例を紹介していきます。

6-2 農業 AI

テレビや新聞で見ない日はないほど、農業の分野でのドローンの活用が広がってきています。活用例としては、上空から撮影を行い、圃場のモニタリングを行うことで生育状態を把握し、播種、農薬散布、施肥を最適化する技術などがあり、これらによって農業分野における効率化や大規模化を推進しています。

特に水稲栽培では、農作業の省力化の基盤にもなっています。農薬散布は、これまで動力噴霧器や無人ヘリコプターを使った「全面散布」が前提でしたが、農林水産省が2018年3月に公表した「無人航空機による農薬散布を巡る動向について」[*2] によると、全国8,300ヘクタールの圃場でドローンによる農薬散布が実施されており、無人ヘリコプターの代替または無人ヘリコプターとの併用によって、今後も拡大が見込まれています。

● ピンポイント農薬散布テクノロジー

　農薬散布は、これまでは動力噴霧器や無人ヘリコプターを使った「全面散布」が一般的でした。つまり、広い畑のどこに虫がいるのか、どこから発生しているのか、どの程度の被害なのか、人間が地上からすべてを把握することはできないため、被害のない場所にも農薬を撒かざるをえませんでした。そのため、「減農薬栽培」に取り組む生産者たちは、全面散布の「回数」をいかに減らすかに力を注いでいました。

　ドローンやAIの発達により、ドローンで鳥瞰的に害虫や害虫被害箇所を探し出し、そこだけに狙いを定めて削減対象の農薬を撒く「ピンポイント農薬散布テクノロジー」[*3] が登場しました。こういった手法は、これからの農業を変えうる技術として注目されています。具体的には、ドローンが自動飛行で空中から圃場全体の撮影を行い、その画像からAIが害虫位置を特定し、ドローンが自動飛行でピンポイントに削減対象の農薬散布を行うものです。これにより、同じ「1回」でも、散布する削減対象の農薬の量を格段に減らすことが可能になりました。農薬にかかるコストも、散布の時間や労力も、そして生産者自身が農薬を浴びるリスクも、無農薬に近いレベルまで低減できます。

[*2] https://www8.cao.go.jp/kisei-kaikaku/suishin/meeting/wg/nourin/20180323/180323nourin01-4.pdf
[*3] 「ピンポイント農薬散布・施肥テクノロジー」は、筆者の所属する株式会社オプティムの基本特許（2018年10月取得 特許第6326009号）です。

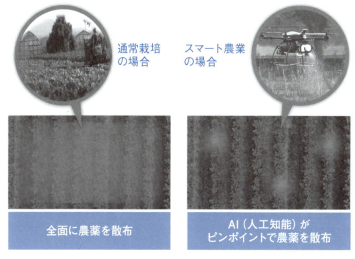

図6-4　ピンポイント農薬散布テクノロジー

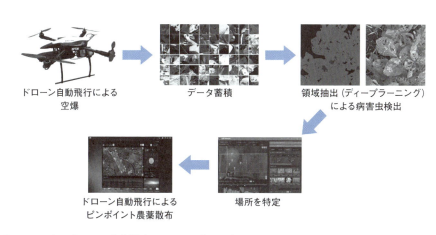

図6-5　ピンポイント農薬散布テクノロジーの仕組み

●ピンポイント農薬散布栽培の実証実験と成果

　2017年度には、農業生産法人 株式会社イケマコ（以下 イケマコ）とオプティムが共同で、イケマコが管理する88アールの枝豆・大豆畑を2分割し、一方は通常栽培、もう一方はドローンを用いたピンポイント農薬散布栽培を実施し、残留農薬量、収量、品質、労力・農薬コスト削減効果を比較する実証実験を行いました。圃場は約290カ所に区分けされて空撮され、AIが画像解析を行い、害虫

の潜む場所を 39 カ所に特定しました。そして、害虫の存在が確認された場所にドローンが自動で飛行し、ピンポイントに削減対象の農薬を散布していきます。

●活用イメージの流れ（ピンポイント農薬散布テクノロジー利用例）
1. ドローンで圃場を撮影し、AI が病害虫発生地点を判定

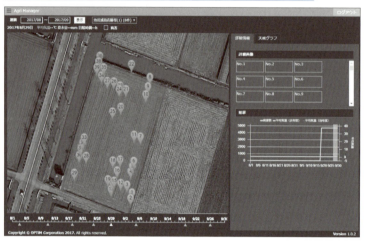

図 6-6　ドローンで撮影した画像を AI が処理

2. 判定した地点にドローンが移動

図 6-7　AI が判定した場所にドローンが自動で移動

3. ピンポイントで削減対象の農薬を散布

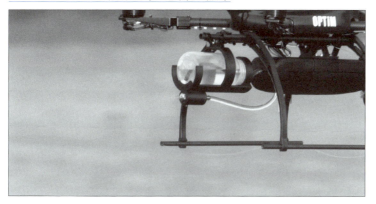

図6-8　ドローンからの農薬散布の様子

　実証実験の結果は、全面農薬散布を行う通常栽培と比べて、収量、品質は例年通りにもかかわらず、削減対象とする農薬使用量を10分の1以下にまで減少させることができました。つまり、農薬散布に関わる労力やコストの削減といった効果が確認されたことになります。残留農薬については、第三者の検査機関および検査方法にて検査を行い、ピンポイント農薬栽培テクノロジーを用いて育てられた大豆は、残留農薬が「不検出(0.01ppm以下)」であるという検査結果が得られています。[*4]

　また、2018年度には、兵庫県篠山市でピンポイント農薬散布テクノロジーを用いた「丹波黒大豆・枝豆」の栽培を行い、農薬使用量は99%削減、残留農薬不検出(0.01ppm以下)、労力は30%削減することにも成功しています[*5]。同年度に、大分県、佐賀県、福岡県にてピンポイント農薬散布テクノロジーを用いた「お米」の栽培も行い、削減対象農薬[*6]を最大で100%削減することができ、残留農薬もすべてにおいて不検出(0.01ppm以下)となっています。

[*4] 2017年10月19日(佐賀大学農学部渡邉啓一氏監修(実施：株式会社ブルーム)。検査方法：同一品種(黒豆大豆：クロダマル)を、同一農家(イケマコ)にて栽培。隣接する場所に、通常農薬散布の圃場とピンポイント農薬散布の圃場(各44アールの面積)を構築。2017年9月に農薬散布を実施し、2017年10月に5カ所からサンプルを採取。サンプル場所は両圃場から一定の距離を保つように配慮し、5カ所のサンプルを混ぜて残留農薬を検査。
[*5] 「丹波ささやまおただ」にて、30アールの圃場に対して動力噴霧器を用いて散布をした際の労働時間と、ピンポイント農薬散布テクノロジーを用いて散布をした際の労働時間を比較しました。
[*6] 農薬のうち、ピンポイント農薬散布によって削減できる殺虫剤および殺菌剤を「削減対象農薬」として定義しています。

●ピンポイント農薬散布テクノロジーのメリット

　ピンポイント農薬散布によって削減対象の農薬使用量を削減することには、さまざまなメリットがあります。1つ目は「生産者に対する農薬の影響を軽減できること」です。農薬の人体被害には「ネオニコチノイド中毒」などがありますが、可能な限り削減対象の農薬使用量を抑えることで、人体への被害も軽減できます。2つ目は「農薬のコスト削減」です。利益に直結するだけに、目に見えるメリットです。3つ目は「環境への配慮」です。持続可能な農業を目指していく上で、土壌や水は人類にとっての共通の資源として考える必要があります。農薬は、使用法に応じた適正量を使用しなければ、環境汚染につながってしまいます。また、農薬使用量を抑えることは、持続可能な農業にも関連しています。そして4つ目は、削減対象の農薬使用量を抑えた農作物は「消費者にとっても安心である」ということです。体にやさしいものを食したいと考える消費者も一定層存在しています。このように、ピンポイント農薬散布によって、削減対象の農薬の使用量を抑えることで数多くのメリットを享受できます。

●スマート農業によるブランド「スマートアグリフーズ」

　先に述べたように、削減対象の農薬使用量を抑えることは、生産者にとってはもちろんのこと、消費者にとっても大きなメリットです。株式会社オプティムは、AIやドローンを使った「スマート農業」によって生産された農作物に「スマートアグリフーズ」というブランドをつけて販売することに挑戦しています。2017年度のイケマコと共同で開発、生産した枝豆・大豆は、福岡三越で独占販売が行われました。価格は、通常の枝豆が100gあたり67円（税抜）であるのに対し、「スマートえだまめ」はその約3倍にあたる200円（税抜）に設定されました。その結果、市場価格を大幅に上回る価格であるにもかかわらず、即日完売しています。さらに、2018年度の「スマート丹波黒枝豆」も、首都圏のタカシマヤ3店舗で販売したところ、丹波黒枝豆のブランドも相まって、100gあたり385円（税抜）の高値で完売しています。「スマート米」についても、百貨店、ECサイトの販売が開始されており、今後販売数は伸びていくことでしょう。そして、これらの結果を通じて顧客の声や販売状況を分析することで、「農薬使用量を抑えた農作物の需要が高い」「各農作物のブランド許容量と同程度の価格弾力性がある」ということが判明しています。これは、今後の日本の農業を考えるにあたって、大きなヒントといえるでしょう。

●ピンポイント農薬散布テクノロジーの実用化における課題

　ここまでピンポイント農薬散布テクノロジーのメリットを中心に触れましたが、実用化における課題についても紹介しておきましょう。大きく分けて、技術（運用）上の課題とビジネスモデル上の課題が存在します。

　技術（運用）上の課題としては、現時点におけるドローンの飛行性能限界が挙げられます。ドローンがバッテリー交換をせずにフライトできる時間とカバー面積の目安は、小型ドローンで軽量なカメラのみを搭載した場合でも20分〜30分の飛行で2ヘクタール程度の撮影です。10リッターの農薬を搭載した大型のドローンの場合、10分〜15分の飛行で、1ヘクタール程度の散布になります。大規模な圃場を管理するには、バッテリー交換の手間なども存在するため、さらなるバッテリー寿命の向上、もしくは燃料の根本的な変更が必要になってきます。

　また、AIによる解析をリアルタイムに行うことが難しい点も技術（運用）上の課題です。ドローンで画像撮影をしながら、同時にリアルタイム解析するには、現時点におけるGPUの性能の限界もあり、現実的ではありません。1ヘクタール分の画像を解析する場合でも3時間程度を要します。これについては、対象物体を検出するために必要な解像度と高度（1画像あたりの撮影範囲）を変化させることや検出精度を許容すること、リアルタイム画像転送無線技術の確立、さらに強力なAIのエッジコンピューティング手法の登場など、複数要因での解決が必要になります。

　ビジネスモデル上の課題としては、現在のところ、ドローン本体が高価であることが挙げられます。生産者がドローン本体の価格をペイするためには、3ヘクタール以上の圃場があり、生産物を市場価格よりも高く設定しなければならず、初期費用が先行してしまうリスクが挙げられます。さらに、市場価格よりも高く設定することで、栽培した作物が売れないというリスクも存在します。これらのリスクを差し引いたとしても、挑戦する価値があると判断できる何かしらのモデルが存在しない限り、実用化は難しいと考えられます。

●スマートアグリフーズの新たなビジネスモデルとスマート農業アライアンス

　技術（運用上）の課題については、当面の間は運用による回避が可能ですし、今後の地道な技術開発によって解決が見込まれます。しかし、ビジネスモデル上の課題については、経済的な解決が必要です。そこで、オプティムでは、3つ

の生産者メリットを打ち出した新たなビジネスモデルを提案し、実行しています。1つ目は、ドローン本体やピンポイント農薬散布テクノロジーに必要なAIによる解析ソリューションを無償で提供することです。これにより、初期費用が先行してしまうリスクを防ぐことが可能になります。2つ目は、生産された「スマートアグリフーズ」は、すべてオプティムが市場卸価格で買い取るという点です。これにより、栽培した作物が売れないというリスクを回避できます。そして3つ目は、付加価値を付けて販売した農作物の利益から、買取価格にプラスして利益配分するモデルにすることです。これにより、一般市場で販売するよりも多くの利益を受け取ることができるようになります。

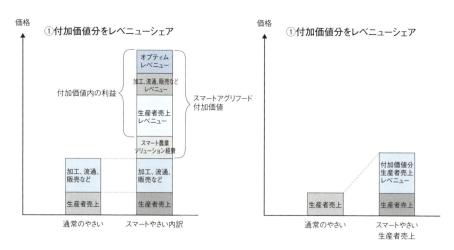

図6-9　スマート農業のビジネスモデル

　これらの3つの組み合わせにより、生産者のリスクへの心配ごとが軽減され、新たに挑戦する生産者も増えると考えています。そして、それによって、ピンポイント農薬散布テクノロジーの実用化が加速することを期待しています。
　オプティムでは、AI・IoT・ビッグデータを活用して「楽しく、かっこよく、稼げる農業」を実現すべく、スマート農業を推進する未来志向の生産者コミュニティ「スマート農業アライアンス」を2017年12月に設立しています。このアライアンスの中に、「スマートアグリフードプロジェクト」を設け、スマート農業を推進する未来志向の生産者が参画する形で、AI・IoT・ドローンを利用して「減農薬」を達成し、高付加価値の農作物の生産、流通、販売が行われはじめています。

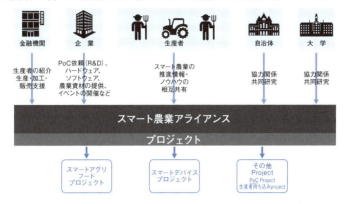

図6-10 スマート農業アライアンス

● まとめ

　既存の栽培技術とAI・IoT・ロボットなどの新しいテクノロジーを融合させて単純に自動化やデジタル化を行うのではなく、新しいテクノロジーを取り入れた新しい栽培技術を作っていくことこそ、第4次産業革命時代の農業です。

　1962年に出版されたレイチェル・カーソンの『沈黙の春』では、DDTを始めとする農薬などの化学物質の危険性を「鳥たちが鳴かなくなった春」という出来事を通して訴えました。現在では、必ずしもすべての主張が正しかったとは考えられておりませんが、少なくとも農薬が生態系や環境などに影響を与えるものであることを自覚し、最低限の量を知り、うまく農薬と付き合っていくことが必要です。ピンポイント農薬散布テクノロジーは、これまでは困難だった「目で見て、必要な箇所のみに対処する」ことを、AIとドローンを活用することにより、簡単に実現しています。オプティムは、そのテクノロジーをコスト削減の手法としてだけではなく、農作物の付加価値を高める手法として活用しています。このようなテクノロジーが「楽しく、かっこよく、稼げる農業」の実現に貢献し、日本の農業はもとより、世界の農業に寄与できることを、筆者は願わずにはいられません。

COLUMN　もう1つの農業AI：作付け確認をドローンで省力化

　行政の視点における農業に対する課題は、農家とは別の形で存在します。その1つに「経営所得安定対策等交付金」の支払いのために行う作付け確認などが挙げられます。経営所得安定対策等交付金とは、外国と生産条件に格差がある農産物の生産・販売への支援や、収入減少によって農業経営が受ける影響の緩和などを目的として、農業者に対して交付金を支給する制度です。2010年から「農業者戸別所得補償制度」として導入がはじまり、2013年に「経営所得安定対策」と改定されました。そのため、生産者から提出された営農計画書に基づき、役人が農地を1件ずつ目視で見回りする作業を行います。大規模な圃場を持つ自治体は、人海戦術を敷いて対応しなければならず、現地確認に多大な時間的コストが掛かってしまうという課題がありました。

　そんな中、2018年7月に発表された事例が、オプティムと佐賀県杵島郡白石町が取り組んだ「平成30年度 経営所得安定対策等推進業務効率化モデル事業（ドローンを活用した作付確認業務委託）」です。白石町平野部の約8,500ヘクタールで栽培されている麦の作付け確認を、固定翼ドローンを用いて空撮する実証実験を行った事例です。

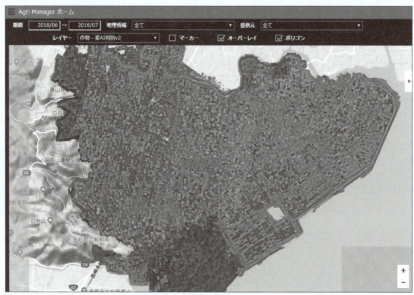

白石町全体をカバーしたオルソ画像。麦が植えられている箇所を自動マーキング

　固定翼ドローンには、航続距離30km以上、滞空時間1時間以上といった長時間のデジタルスキャンを実現している「OPTiM Hawk」が用いられました。空撮した画像

は、圃場情報管理サービス「Agri Field Manager」上で解析を実施します。申請された作付け情報と「Agri Field Manager」上の情報を役場内のパソコンで比較することで、現地に出向くことなく実態確認が行えました。これにより、大幅な現地確認作業時間の短縮を実現しています。

作付け情報を比較している様子

今後は、作付け情報との比較作業も、圃場情報管理サービス「Agri Field Manager」上のAIを用いて自動化することなどを検討しています。

6-3　建設AI

「2025年には建設現場で130万人の労働力が不足する」といわれています。

日本の土木建築の業界では今、少子高齢化の影響を受け、労働力不足が深刻な問題となっています。2000年以降、建設投資の減少に伴って建設現場における仕事量が減り、それに呼応する形で労働者数が減少する時代がありました。ところが、東日本大震災が起きた2011年を境にこの流れが逆転し、労働者は減り続ける一方であるのに対し、オリンピックを経て数年先までは必要労働者数は350万人付近に高止まると推定されています。そして、2025年には技能労働者の4割が離職し、建設現場に関わる技術労働者の数が約130万人も不足すると推定されています。

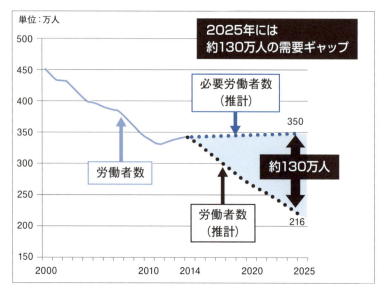

図 6-10　建設技能労働者数の推移と推計
出典：一般社団法人日本建設業連合会「再生と進化に向けて―建設業の長期ビジョン―」(https://www.nikkenren.com/sougou/vision.html)

　このギャップを埋めるための解決策としては、「移民を受け入れる」「工事を行わない」といったような国としての判断が必要となりますが、未来の繁栄に向けたあるべき姿とは言い難い方針でしょう。つまり、別の解決策を講じる必要があり、それは1人あたりの生産性を上げていくことの重要性が問われている課題だと捉えることができます。

　一方で、国内における建設会社のプロフィールを見ると、94％が社員10名程度の比較的中小規模な会社です。もっとも割合が多いとされる社員数3名規模の会社では、社長自らが現場監督として施工現場に出向くケースも少なくはないでしょう。この94％を占める会社の労働生産性を上げていかなければ、建設現場における労働力不足の課題解決にはつながりません。

表 6-1　建設会社の売上高規模別の状況（コマツ調べ）

年商規模	企業数	平均		年商合計（兆円）	構成比
		年商(百万円)	社員数		
61 億円〜	2,204	30,560	502	67.3	0.5%
31〜60 億円	2,317	4,156	92	9.6	0.5%
13〜30 億円	8,029	1,818	45	14.6	1.8%
7〜12 億円	14,980	832	24	12.5	3.3%
1.3〜6 億円	104,761	255	10	26.8	23.3%
〜1.2 億円	318,292	43	3	13.8	70.6%
合計	450,583	37,664	676	145.0	100.0%

　生産性を上げるために、工事現場に必ず必要となるのが、油圧ショベルやブルドーザーなどの建設機械です。この建設機械のメーカーであるコマツは、売上規模として日本では圧倒的な 1 位であり、世界的に見ても首位の米キャタピラー社に迫る 2 位と、日本を代表するグローバル企業です。

● ICT 建機

　建機メーカーであるコマツの現在の代表的な商品は、2013 年より順次、日本、北米、欧州、豪州で市場導入されている ICT 建機です。これは、GNSS（Global Navigation Satellite System：全球測位衛星システム）に補正情報を加え、車両位置を誤差数 cm の精度で検知し、三次元の図面をもとに半自動制御で施工を行う建機です。あるメガソーラー施設の建設現場で ICT ブルドーザーが導入されたことで、施工時間・燃料ともに約半分に最適化されたとの報告もあります。現在の工事現場では、何ヘクタールにも広がる土地を「cm」の精度で整地をするといった作業が必要になることがありますが、どのように実施しているのでしょうか。どこを何 cm 掘削して、斜面の勾配を何度にすればよいかを、人間が建機を操作して精密に作業するのは極めて困難であろうことは想像に難くありません。GNSS 位置情報システムとブレード制御システムが自動で施工を進め、運転席のモニタに、設計図面に対する作業状況がリアルタイムで映し出され、その様子はインターネットを介して遠く離れたオフィスでも把握ができるという施工技術が、ICT 建機の登場により現実的なものになっているのです。

　ICT 建機による施工には、大きく「マシンガイダンス」と「マシンコントロール」の 2 種類があります。いずれも位置情報を利用して行う建機の操縦システムで

す。自動車でいうところの、カーナビゲーションが「マシンガイダンス」で、自動運転が「マシンコントロール」に近い感覚ととらえてよいでしょう。

●マシンガイダンス
完成図面と現況地形の差分を建機の操縦席のモニタに映し出し、操作をサポートする方式
●マシンコントロール
マシンガイダンスに油圧制御のシステムを加えたもので、施工箇所の三次元設計データを利用して機械をリアルタイムで自動制御しながら施工を行う方式

土木工事の現場では、この2つの技術により、施工の効率化や作業品質の向上といった効果が見込まれています。

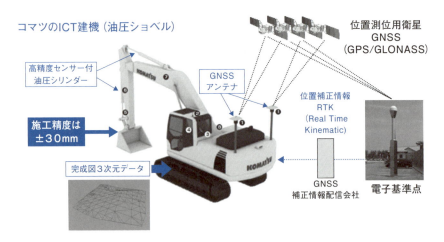

図6-12　図面どおりに自動制御で動作するICT建機

●課題
しかしながら、コマツ執行役員 スマートコンストラクション推進本部長の四家 千佳史氏によると、この取り組みはうまくいくことばかりではなかったようです。
1つ目は、ICT建機以外のところにボトルネックがあり、ICT建機のメリット

を活かせなかったということです。高速道路の路床工事現場の実際の事例で説明しましょう。施工の内容は、まず必要な土を掘り、ダンプトラックに積み込み、現場まで運んで土を盛る(盛土)という流れです。その盛土の工程にICT建機を導入することで生産性の向上が期待されましたが、そうはなりませんでした。なぜなら、盛土の前工程で土を運搬するダンプトラックで運べる土の量が限られるからです。それならば、稼働するダンプトラックの数を増やして運べる土の量を増やせばいいのかというと、そうもいかなかったようです。実は、その前の工程である掘削に使う建機は、ICT建機ではない従来のものもあったため、その生産性は変わらなかったからです。つまり、盛土の生産性を上げても、その前の工程がボトルネックになっているため、ICT建機のメリットだけを追うのではなく、全体最適化を行わなければ意味がないということです。

図6-13　ICT建機の導入がうまくいかなかった例：自動車専用道路の路床工事

うまくいかなかったことの2つ目としては、測量誤差が大きいことが挙げられます。建設現場では、従来から施工計画と実際に運ぶべき土の量にギャップが発生することが問題になっていたそうです。その理由は、人間が測量した場合、どうしても誤差が生じ、そもそも正確な土の量が測量できないことだと考えられていました。そこで登場する技術が、ドローンを用いた高精細な測量です。ある現場では、従来の手法で人手により測量して導き出した掘削土量は14,100㎥でしたが、ドローンを用いて測量したところ17,600㎥という結果が得られました。その誤差は約3,500㎥と、ダンプトラックの台数で言えば600台分に相

第6章　AIプロジェクト・ケーススタディ　205

当します。つまり、一部の測量だけにドローンを導入し、切土の量だけを正確に計測できたとしても、それ以外の見積りが同程度の精度でなければ、誤差が広がるだけだということです。

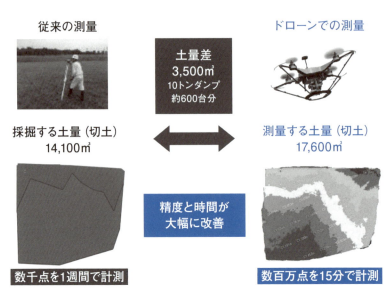

図6-14　ドローンによる測量の誤差

　これらの課題が示しているのは、生産性が高いICT建機を提供するビジネスを展開しても、関与できるのは全行程の一部であり、それだけでは成立しないということです。つまり、手前や後工程にボトルネックがあると、コマツのICT建機のよさは打ち消されてしまうわけです。そこで、この状況を逆手にとり、より広い視野で課題解決をしていくことを選択し、オープンイノベーションビジネスを拡大しています。

●スマートコンストラクション
　コマツは、建設現場に携わるすべての人・モノ（機械・土など）の情報をICTでつなぐことで、顧客の現場を見える化するクラウドサービス「スマートコンストラクション」の提供を2015年から開始しました。これは、ICT建機が市場導入された2013年から2年後というとても短い期間で、建設機械が関与する前後工程のボトルネックをカバーすべく、次の一手が打たれたことを意味しています。

スマートコンストラクションでは、完成図面を 3D データとして管理し、ドローンなどを用いて高精度に現況地形を測量します。そうして得られた完成図面と現況地形の差分をとることで、正確に土量を算出できます。すなわち、建設機械を用いて掘削または盛土をどれだけ行えばよいのかを、データとして算出するわけです。これをもとにして ICT 建機をマシンコントロールすることで、施工経験が浅い建機オペレーターであったとしても、高い精度で施工を行えるというわけです。

　そのほかにも、ダンプトラックの最適な動線を現場にガイダンスする「TRUCK VISION」、日々変化する現場を三次元化する「Everyday Drone」など、ICT 建機と連動する形で提供されるサービスがスマートコンストラクションであり、国土交通省が推進する「i-Construction」[*7] の 1 つの解といえるでしょう。

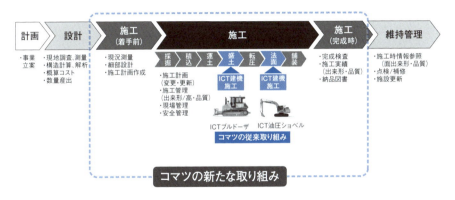

図 6-15　コマツの新たな取り組み

●建設現場のオープンプラットフォーム

　2017 年 7 月、建設生産プロセスの変革を加速させるオープンプラットフォーム「LANDLOG」[*8] が、コマツ・NTT ドコモ・SAP ジャパン・オプティムの 4 社の出資で発表されました。LANDLOG は、調査・測量・設計・施工・メンテナンスといった建設プロセス全般のデータ収集、それらのデータを利用可能な形式に

[*7]「ICT の全面的な活用(ICT 土工)」などの施策を建設現場に導入することによって、建設生産システム全体の生産性向上を図り、魅力ある建設現場を目指す取り組み。http://www.mlit.go.jp/tec/i-construction/

[*8] https://www.landlog.info/

加工して提供を行うオープンなIoTプラットフォームです。建設業界におけるデジタルトランスフォーメーションの加速の鍵を握る存在として、グローバル視点で期待が集まるIoTプラットフォームです。

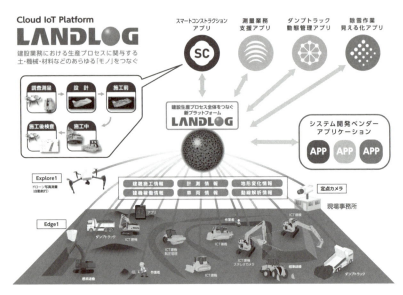

図6-16　LANDLOGのエコシステム

● AIサービスの必須要素を兼ね揃えたPaaS

LANDLOGのアーキテクチャは、「基盤となるプラットフォーム」と「その上に載るアプリケーション」に分けて理解をするとわかりやすいでしょう。つまり、スマートコンストラクションが、「ドローンによる測定とAIによる推論」「ダンプトラックの最適導線のガイド」「現場を三次元地図化」などの具体的なアプリケーションやサービスであるのに対して、LANDLOGは、それらを動作させるための「PaaSのレイヤーを担う」[*9]というわけです。

LANDLOGが提供するPaaS機能には、次のようなものがあります。

● IDM（ID Management）／ ACL（Access Control List）
　○ ユーザーやグループを管理する仕組み

[*9]　「PaaS」は、「Platform as a Service」の略で、アプリケーションを構築および稼働させるための土台となるプラットフォームを、インターネット経由で提供するサービスを示します。

○ ユーザーのグループへの所属、参加の管理
   ○ グループ間のリレーションの管理
   ○ グループ内でのユーザー権限の管理
   ○ OpenID Connect)／ OAuth 2.0による認証・認可
   ○ リソースオーナー、アクセス制御の管理
     ・Role-based Access Control(RBAC)
     ・User-based Access Contorl(UBAC)
● Device Management
   ○ デバイスを管理する仕組み
     ・デバイスのインベントリ(資産情報)の管理
     ・エージェントを経由した、デバイスのリモートコントロールや遠隔監視
● Storage
   ○ データ保存を管理する仕組み
     ・アプリケーションがファイルを1カ所に集約するためのクラウドストレージ機能
● Messaging
   ○ データインプットを管理する仕組み
     ・アプリケーション間のメッセージ交換を中継する機能(同一のIoT環境を多用途に利用することに最適なPubSubモデル)
● Marketplace
   ○ ライセンスを管理するAppStoreの仕組み
     ・OAuth2 クライアント、APIの商材マスター管理
     ・従量課金対象の利用量、請求サマリーの可視化
     ・課金・請求
● Monitoring
   ○ 誰がどれだけ使ったかを管理する仕組み
● APIの利用履歴
● デバイスのCPUやメモリなどのリソース利用状況のメトリクス
● デバイスのシステムログ

　LANDLOGには、アプリベンダーやユーザーがこれらの機能をすぐに利用できるように、いくつかの標準アプリが搭載されています。つまり、これらの標準

アプリを使うことで、コア機能のみに集中して開発をすることが可能になるというわけです。これらは、「OPTiM Cloud IoT OS」[*10]で実装済みのアプリケーションの一部を活用することで、提供されています。

図6-17 「OPTiM Cloud IoT OS」で提供しているアプリケーション
https://www.optim.cloud/platform/

＊10　https://www.optim.cloud/

この中でも、マルチテナント構造かつ多階層の組織管理機能が搭載されていることは重要な要素です。建設現場では、ゼネコンを筆頭に、測量会社、設計会社、施工会社(一次請け、二次請け、三次請け)という具合に、複数の会社が協力して作業を行います。そして、設計図面のやり取り、ドローンなどで測量した現況地形データ、車両運行情報、各種帳票類など、数多くのデータが、現場作業で日々取得されます。したがって、これらのデータを組織や会社を越えて共有していく方法が問題になります。また、会社に所属する社員やデバイスが複雑に関連するトポロジーを管理していくことも必要になります。もちろん、AIサービス用の学習済みモデルや、推論のインプットとなるIoTデバイスからのデータについても考えておかなければなりません。

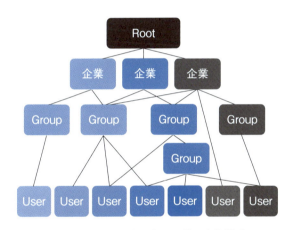

図6-18　複数の企業が絡む建設現場の人員構成

　たとえば、企業1と企業2が存在したとき、両社が参画している現場のデータには、それぞれの社員がアクセスできる機構がプラットフォームレベルで必要です。その際、誰(どのデバイス)がどれだけアクセスしたかをカウントし、アプリ利用の課金を配分して請求しなければなりません。しかし、これをアプリレベルで実装するのは非現実的です。iOSデバイスにはApp Storeが、AndroidデバイスにはGoogle Playがあるように、建設現場向けのサービスではLANDLOG Marketplaceを通してユーザーへの課金を簡単に実現できるようになっています。AIサービスをSaaSモデルとして提供するにあたっては、このような実装が必須機能といえるでしょう。

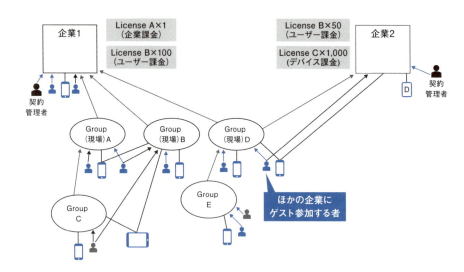

図 6-19　複数の企業が絡む建設現場でのアプリ利用の支払い

● 現場監督の勘を AI で代替

　建設現場では、建機や人が効率的に稼働しているかを把握するのは現場監督の腕にかかっています。建設機械は、大量の土を移動したり掘削するという大きなミッションがありますが、一方で、無駄を省いてさらなる効率化を行うといった「インテリジェントな運用」には不向きでした。

　現場の動きを把握するためには、すべての車両を IoT 化して統合管理することが必要です。しかし、センサーが搭載され、ネットワークに接続可能な ICT 建機は、複雑な部品が組み合わさった高額な車両です。また、実際の建設現場においては、複数のメーカーによる建機が使われることがほとんどです。メーカー間の仕様・規格を越えて、それらを統合的に管理することは非常に高いハードルといえるでしょう。

　そこで、LANDLOG では、本来は現場監督である人間が行う業務を AI で代替させるサービス「日々カメラ」が提供されています。「日々カメラ」を使うと、どの建機や人員が何の作業に従事しているか、1台1台の作業時間、稼働率といった多様なデータを精査して「見える化」し、建設機械の適切な配置、施工時間の短縮化、歩掛（ぶがかり）といった労務単価の算出などに役立てることができます。

図 6-20 LANDLOG のサービス「日々カメラ」

> **COLUMN** **イースターエッグ？**
>
> 　建機の行動分析を行うためには、ディープラーニングによる学習済みモデルを生成するために、大量のデータセットが必要になります。建機のさまざまな動作（アームの上げ下げや刃先の複雑な動き）のすべてを撮影データからアノテーションしていくのは膨大な作業であり、効率的とはいえません。そこで、LANDLOG では建機の 3D データをゲームエンジンを使ってレンダリングし、建機のさまざまな状態を自動生成することでデータセットを無限に用意していく仕組みを採用しています。
>
> 　このとき、LANDLOG の開発に携わるエンジニアが空き時間で開発したツールが社内で話題になりました。ゲームエンジンを使ってレンダリングしたのだから、そのままゲームにしてしまえばいいということで、実装してしまったのです。
>
>
>
> 登録した地形データをフィールドに建機が走り回る

第 6 章　AI プロジェクト・ケーススタディ　213

コースは、ドローンで空撮した地形データを利用することも可能です。3Dデータとして表示される建機を自在に操ることができます。走行だけではなく、アームやバケットを動かすことができ、旋回も可能です。さまざまな状態でデータセットを採取するために、このような仕様になっています。そのため、自身の建設現場の上を、くまなく走り回ることができるため、現場状況を把握するといった便利な使い方もできそうです。ただし、今のところは、コマツおよびLANDLOGの公式な製品ではないことに留意してください。また、掲載した画面は、実際の現場データに関係するものではありません。

複数人対戦にも対応している

6-4　医療 AI

　日本の国民医療費は、2012年には40兆円であったのに対し、2030年には60兆円以上になると試算されています。その背景には「高齢者の増加」「専門医の人手不足」「医師の高齢化」また「地域による医師の偏在化」「科学技術の進歩による高額医療機器の導入」などがあり、医療はさまざまな課題を抱えています。

　「AIやIoT、ビッグデータを活用することで、先進的な医療サービスを提供することを目指す」という目的を掲げ、内閣府の戦略的イノベーション創造プログラム（SIP）の1つとして「AIホスピタルによる高度診断・治療システム」プロジェクトが開始されています。

　現在は、医師は診察中に診療記録を文書化しなくてはならず[*11]、患者と対面しているにもかかわらず、モニタを見たりキーボードやマウスを操作する時間

が多くなりがちです。耳慣れない病名を聞かされ、何時間もしくは何日も待ってようやく診てもらったのに、「専門医である先生は自分のほうを向いてくれない」と患者さんが不安になるかもしれません。その一方で、医師の側は、慢性的な人手不足の中で必死に仕事をこなしている状況であり、患者1人ひとりとのコミュニケーションに割くことができる時間は限られます。

このような状況を解決するため、「AIホスピタル」プロジェクトでは、AIが医療の専門用語を学習して辞書化し、音声認識によって診療情報を自動記録していくシステムの開発を目指しています。たとえば、AIによって記録業務の3分の1を省略化できれば、勤務時間の10%である約1時間を診療・看護などの本来行うべき業務に使えるようになるわけです。これが実現されれば、医師の診療記録にかかる手間を省き、患者さんが安心できるだけの十分なコミュニケーションをとる時間を作り出せるようになるはずです。

そして、「AIホスピタル」において大きく期待されるもう1つの領域は、AIによる「画像診断」です。内視鏡画像やCT画像、病理画像のチェック件数は年々増加していますが、読影医の数は増えておらず、パンク状態なのです。医師も人間なので、目を皿のようにして画像診断をしても、わずかな兆候などを見落としてしまうことがないとはいえません。また、毎日のようにアップデートされていく医療情報に追いつくことも必要です。「AIホスピタル」が掲げる課題として、「医療分野の情報量は1年間で約30倍に増加する」と推測されており[*12]、現代の医師は常に膨大な量の情報を頭に入れることが求められます。新しい論文はもちろん、海外での有害事象などは毎日のように報告されています。医師がどんなに勉強熱心で、診療後に論文を読み漁っても限界があるでしょう。

● 日本の医療マーケット

日本における医療機関は、病院が約8,400施設、診療所が約10万施設となっています。このうち、放射線医師として専門医が常駐(または一部常駐)するのは、200床以上の中規模・大規模の病院であり、その数は4,780人です(厚生労働省調べ)。この数は、米国の人口あたりの放射線医師数を1とした場合の日

[*11] 医師法第24条1項に、医師は患者を診療したら遅滞なく「経過を記録すること」が義務づけられているためです。

[*12] 内閣府:戦略的イノベーション創造プログラム(SIP) AI(人工知能)ホスピタルによる高度診断・治療システム 研究開発計画 2018年11月22日(https://www8.cao.go.jp/cstp/gaiyo/sip/keikaku2/10_aihospital.pdf)

本の医師数は 0.3 人に相当する数であり、放射線科医の負担はとりわけ大きいといえるでしょう。

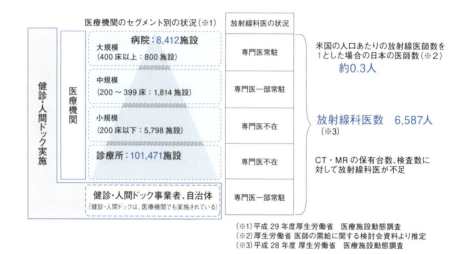

図 6-21　日本の医療機関と放射線科医の状況

また、日本は人口あたりの CT 検査機・MRI 検査機の保有台数が、OECD 加盟国でトップであり、放射線医師の数に対して検査機器の数が多いことも特徴的です。

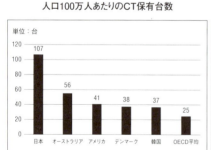
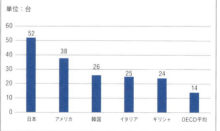

図 6-22　人口 100 万人当たりの CT ／ MRI 検査機の保有台数ランキング
出典：OECD Health Statistics 2018（http://www.oecd.org/els/health-systems/health-data.htm）

このようないびつな状況を背景に、「医師の作業負担の増大」「医師の診断能力のばらつき」「専門医の地域格差」「治療介入の遅れによる症状の進行」など、医療には多くの課題が存在しています。これらの課題に対して、AIを用いた画像診断が実現すれば、「医師の作業負担減」、「診断能力の均一化による診断精度の向上と医療安全の確保」「病診連携や内科との連携」「早期診断による先制医療の実践、医療費削減」などの解決が期待できます。

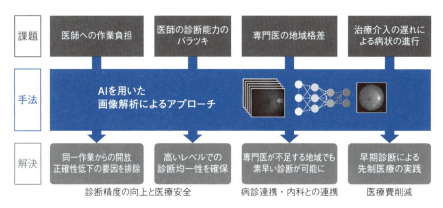

図6-23　AIを用いた画像診断が解決する課題

● AIによる画像診断支援

AIによる画像診断支援を推進する事例の1つに、佐賀大学とオプティムが共同で設立した「メディカル・イノベーション研究所」が進める眼底画像のAI診断支援があります。メディカル・イノベーション研究所は、IoT・AIを活用した未来型医療の共同研究・実証を行うべく、2016年12月に設立されました。佐賀大学医学部の医学的知見、佐賀大学医学部付属病院の臨床データと実践の場、オプティムのIoT・AI技術を組み合わせ、医療現場の課題に対して効率的かつ効果的な医療を実施するための研究を目的としています。

目は唯一、非侵襲的に血管の構造が分かる臓器で、眼科検診だけで診断が可能な疾患も存在します。これらの疾患は、早期発見・治療により、視覚障害や失明を防ぐことが可能なため、定期的な眼科検診が重要です。また、日本国内における視覚障害の上位を占める「緑内障」「糖尿病網膜症」「加齢黄斑変性」は、

早期発見・治療を行うことで視覚障害や失明を防ぎ、視覚の質（QOV：Quality Of Vision）を高めることが可能です。表 6-2 に挙げたのは、最近の視覚障害の原因トップ5です。

表 6-2　視覚障害の原因トップ5

	2005 年	2011 年
緑内障	20.7%	21.6%
糖尿病網膜症	19.0%	15.2%
網膜色素変性	13.7%	11.9%
加齢黄斑変性	9.1%	9.0%
高度近視	7.8%	8.2%

出典：厚生労働省 難治性疾患克服研究事業 2012

　メディカル・イノベーション研究所では、研究の第一弾として、臨床画像データを AI に画像解析させることで、「緑内障」「糖尿病網膜症」「加齢黄斑変性」の早期発見・治療を目指しています。具体的には、佐賀大学が持つ過去の臨床画像データを匿名化した上でディープラーニングを使って学習させ、コンピュータによる診断支援を実施します。将来的には、集積された臨床ビッグデータを活用することで、眼底画像から新たな疾患（心筋梗塞、脳血管障害やアルツハイマー型認知症など）の発症予測や、モバイル機器による簡易診断で早期発見を行うなど、新しい眼底診断・治療手法の創出を目論んでいます。

　AI による眼底画像の診断支援は、次のような手順で行われています。

1. 臨床画像データを匿名化した上で学習させる

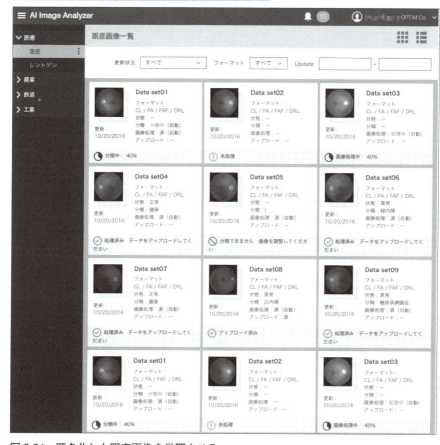

図 6-24　匿名化した眼底画像を学習させる

2. AIの推論結果から疾病を予測する

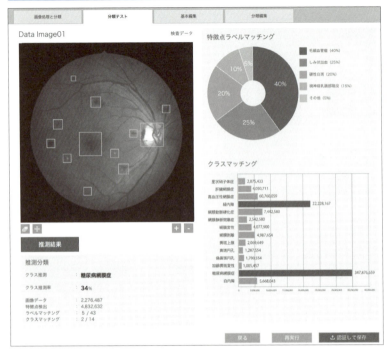

図6-25　学習データから糖尿病網膜症と推論した例

　この分野の研究は、すでに結果が現れつつあります。一部の医療機関で臨床研究が開始されており[*13]、さらにオプティムでは「医療機器プログラム」の製造を行うべく、2018年3月に医療機器製造業者に発行される「医療機器製造業登録証」を取得しています。さらに2019年内には製造販売が可能となる「医療機器製造販売業許可」を取得予定です。日本国内においては、2019年3月現在、AIを用いた診療行為の実績はまだ存在しませんが、こういった動きが加速することで、将来は当たり前のようにAIを用いた医療行為が行われることになるでしょう。

[*1] 2018年4月に医療法人YT　美川眼科医院で患者の眼底画像を使った臨床研究が開始されています。のべ500名の患者を対象として、AIを用いた緑内障のリスク評価についての診断支援結果の妥当性を検討するとされており、日常診療に用いる眼底写真を匿名化した上で解析することで、患者の個人情報が保護される形で実施されています

● 診療報酬改定

「診療報酬」とは、保険診療の際に医療行為等の対価として計算される報酬のことです。医師(または歯科医師)や看護師、その他の医療従事者の医療行為に対する技術料、薬剤師の調剤行為に対する調剤技術料、処方された薬剤の薬剤費、使用された医療材料費、医療行為に伴って行われた検査費用などが含まれます。日本の保険診療の場合、厚生労働省が定める診療報酬点数表に基づいて計算され、患者はこの一部を窓口で支払い(いわゆる自己負担)、残りは公的医療保険で賄われます。保険を適用しない自由診療の場合の医療費は、診療報酬点数に規定されず、医療機関が価格を任意に設定し、その費用は患者が全額を負担します。

最近では、2018年4月に診療報酬制度が改定され、中でも「オンライン診療」が項目として追加されたことや、「ロボット手術」が一気に12種類の手術で保険適用になったことが話題となりました。

● オンライン診療

スマートフォンなどの情報通信機器を使い、病院に行かずに画面で医師の診察を受けられる「オンライン診療」が広がりを見せています。普段利用している医療機関が自宅から遠い、仕事などで忙しいため通院時間が確保できない、通院に身体的な負担がかかるなどといった場合、オンライン診療によって医療を享受できます。政府が行っている「未来投資会議」[*14] においても、対面診療と遠隔診療を組み合わせた新しい医療が大きく取り上げられるなど、オンライン診療に対する本格普及に向けた機運は高まりを見せつつあります。

---

*14　https://www.kantei.go.jp/jp/singi/keizaisaisei/miraitoshikaigi/

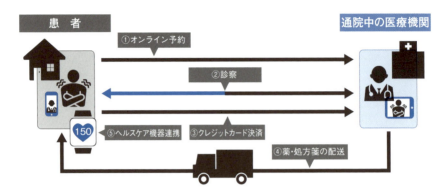

図 6-26　オンライン診療サービスの例（オプティムと MRT が提供するオンライン診療ポケットドクター）

● ロボット手術

　これまでは、前立腺がん、腎臓がんの部分切除だけだったのが、胃や食道、直腸、肺がんや縦隔（じゅうかく）腫瘍、膀胱（ぼうこう）がん、子宮、心臓の弁の手術にも保険適用の幅が広がりました。

　このように、国が定める医療の在り方は時代とともに変化しており、ゆくゆくは画像診断を始めとした AI を用いた診療行為も診療報酬制度に加えられる未来はそう遠くないでしょう。

● 在宅医療

　第 6 章の冒頭で述べたように、日本の人口構成における高齢者の比率は向こう 10 年間は増え続けることは周知の事実です。団塊の世代が 2025 年頃までに後期高齢者（75 歳以上）を迎えるため、医療費が増え、日本の医療制度を支える仕組みが崩壊してしまう可能性すらあります。これに対して日本政府が打ち出した方針として、2025 年には病院のベッド数を 20 万床近く減らすという目標が発表されています。これは、症状が軽く集中的な治療が必要ない患者には、自宅や介護施設での治療に専念してもらうことで、高齢化で増え続ける医療費を抑えるという狙いがあります。

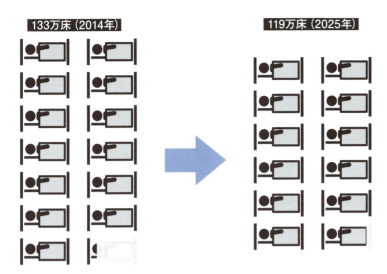

図6-27　病院のベッド数を10年で20万床近く減らす指針
出典：厚生労働省 第5回 医療・介護情報の活用による改革の推進に関する専門調査会 資料
(http://www.kantei.go.jp/jp/singi/shakaihoshoukaikaku/chousakai_dai5/siryou.html)

　これに関連して、医療従事者からの観点で興味深いデータがあります。かかりつけ医の負担トップが「在宅患者への対応」である点です。増える高齢者に対して、病院ベッド数が減る(すなわち在宅医療が増える)と、結果として医師の負担がさらに増える心配があるという矛盾するデータのように見えます。

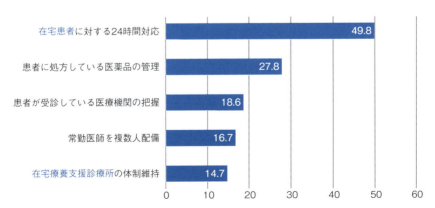

図6-28　かかりつけ医が「負担が大きいと感じる業務」
出典：日医総研「かかりつけ医機能」調査資料2016

実は、在宅医療の実際の業務の大半は、「安否確認(ちょっとしたお声がけ)」「見守り」といった通常のコミュニケーションのようなのです。

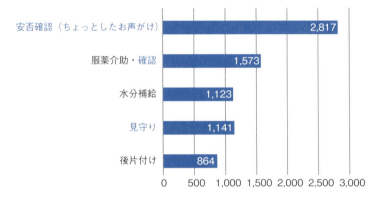

図 6-29　実際の在宅療養支援業務の内訳(織田病院の場合)
出典:織田病院業務管理資料 2016 年 3 月実績

　政府が掲げる目標を達成するためには、医療現場の負担を減らすための AI・IoT などのテクノロジー活用を視野に入れる必要があります。また、高齢者の IT リテラシーを考慮したサービスも高いニーズがあるでしょう。
　そこで、リモートサポート技術を 10 年以上提供した実績のあるオプティムでは、在宅医療の現場で、在宅医療現場で、タブレットを使った患者と医師の間の意思疎通にチャレンジしました。しかしながら、当初の試みはうまくいきませんでした。タブレットの課題は、次の 2 点です。

　　●画面や音量が小さい
　　●操作が複雑、タッチパネルに慣れない

　高齢の方は新しいデバイスに対する抵抗感が強く、「壊れてしまうんじゃないか」「画面小さくて見づらい」といった不満を持つことが多かったからです。その教訓から、製品フィードバックを行った結果として生まれたのが、現在のオプティムの在宅医療サービス「Smart Home Medical Care」[15] です。使用に抵抗感が生まれやすいタブレットではなく、身近な存在である自宅のテレビを介してサービスすることで、利用者の満足度向上につなげています。

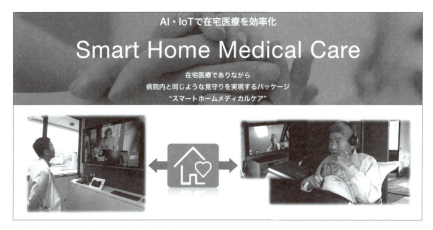

図 6-30　Smart Home Medical Care

　また、在宅医療の現場では、多様な見守り方法を実現するために、さまざまなセンサーやデバイスと連携する手段が増えています。たとえば、患者の離床状態を把握したり、脈拍などの計測・管理を行うため非接触型のバイタルセンサー（ドップラーセンサー）などと組み合わせることが可能です。温度センサーなどの住環境センサーと組み合せることで、患者の居住環境の状態管理を行うこともできます。これは熱中症の予防にも大きく役立つ手法です。さらにはディープラーニングによる姿勢推定などの技術を組み合わせることで、患者の離床状態の把握や転倒検知といった高度な見守りの実現が期待されています。在宅患者のプライバシー保護の観点からも、本当の人間ではなく、AIだけが映像をチェックする仕組みは、今後の医療現場においてスタンダードな方式になるのかもしれません。

6-5　小売 AI

　小売は、産業革命以降の大量生産・大量輸送そして大量消費時代を支えるサプライチェーンの実現を通して拡大をしてきた業界です。そして昨今、少子高齢化で「働く人もお客さんも減っていく」成熟産業ともいわれる小売は、イーコマ

---

*15　実証実験は、2016年10月26日よりオプティムと社会医療法人祐愛会織田病院が取り組んで行いました。オプティムのサービスライン、正式に販売するにあたり「Smart Home Medical Care」とサービス名称を改め、2018年4月より全国の医療機関向けに提供開始されています。

ースによって実店舗の販売管理費・人件費が大きく抑えられるビジネスモデルが成長し、業界構造が大きく変わろうとしています。消費者は、実店舗のみならず、スマートフォン画面や音声操作などで、ほしいものをいつでも・どこでも望む方法で購入することができるようになりました。テクノロジーによって消費者は常に世界とつながりましたが、このような購買行動の変化はAIでさらに加速することでしょう。

現在、世界の小売業界をリードしているのは、アメリカのウォルマートやコストコ、フランスのカルフールといった欧米の超大型総合小売店チェーンです。日用品の低価格販売を武器に、市場を総取りする戦略で成長しています。日本では圧倒的なイオングループやセブン＆アイ・ホールディングスは、世界ではトップ10圏外ですが、積極的なM&Aをテコに、先行する欧米勢を追従している状況です。一方、イーコマースの普及に伴って存在感を増しているのはAmazon.comです。

Amazon.comは、現時点において世界最先端であろう無人コンビニの「Amazon Go」を展開しています。2019年3月現在、シアトルで4店舗、シカゴで4店舗、サンフランシスコで2店舗の計10店舗が営業中です。商品を手に取り、決済（レジ）することなく退店するという「Just Walk Out」を実現し、買物シーンから会計という概念を取り払ってしまいました。店内の設置カメラ台数の多さなどから、一般チェーンストアでまったく同じ技術手法を使って導入するとなると課題が多いと推測できますが、「Just Walk Out」に相当する手法は、近い未来、スタンダードな光景になっているかもしれません。

● 日本の小売が直面している課題

経済産業省によると、小売業における平均的な利益率は3%前後とされています[*16]。この数字は、ほかの業種と比較して決して高い数字ではありません。高度経済成長期やデフレ経済期なら、薄利多売は有効なビジネスモデルの1つでした。しかし、現代において人手不足が続く中で人員を増やすには、経営者はより高い賃金を支払うしかありませんが、売上がコストに見合わなくなります。こうした課題へ対応するため、ワンオペの導入、営業時間の短縮、出店計画の抑制などに踏み切る企業は少なくありません。

---

*16 経済産業省調査資料(http://www.meti.go.jp/press/2017/02/20180202002/20180202002-2.pdf)

表6-3 年中無休や24時間営業はやめる方向に

外食	ロイヤルホスト	2017年1月までに24時間営業店舗を廃止。「定休日」の導入も検討
	すかいらーくグループ	2013年に約3,000店舗のうち620店で閉店時間を平均で2時間早めた
	マクドナルド	直近2年半で24時間営業店舗を約4割強削減
	吉野家	全店舗の約5割に当たる581店舗で、すでに24時間営業を止めている(テナントなどの都合を含む)
百貨店	三越伊勢丹ホールディングス	2016年は首都圏の伊勢丹、三越の計8店舗で1月2日の「初売り」を止めて休業。2017年はさらに拡大
	高島屋	2016年4月から日本橋店で営業時間を1時間短縮、ほかにも2店舗で同3月から30分短縮
小売	イオン	2016年3月から、首都圏1都2県の総合スーパーの約7割の店舗の営業時間を1時間短縮
	いなげや	2015年度、夜間の売り上げの少ない15店舗で閉店時間を30～45分早めた
	東武ストア	2014年から15年にかけて、全60店舗のうち26店で24時間営業を廃止
郵便	日本郵便	2017年から1月2日の年賀状配達を休止

出典:東洋経済オンライン(https://toyokeizai.net/articles/-/147155?page=2)

●和製Amazon Goの代表格

　小売業界が抱える課題を見据え、2018年4月に業界初の無人店舗[17]としてオープンしたのが、「モノタロウAIストア powered by OPTiM」(以降、モノタロウAIストア)です。この店舗では、作業用品や素材、大学での研究用材料などの約2,000アイテムを、店員がいない無人オペレーション形式で販売しています。この店舗の特徴は、低コストで運営しているという点です。88㎡の小型コンビニサイズの店内に設置されているカメラの台数は、たった5台です。100台以上のカメラを必要とするAmazon Goと違って商品のセルフスキャンが必要ではあるものの、出入口に設けられた専用ゲートとスマートフォン決済アプリを導入することで、圧倒的に低コストでの運用が可能になっています。

---

[17] モノタロウ初の実店舗であるのと同時に、日本で初めて大学構内で運営される無人店舗

図6-31 「モノタロウ AI ストア powered by OPTiM」の外観

　「モノタロウ AI ストア」は、キャッシュレス・セルフ決済を行うスマートデバイス用アプリ「モノタロウ店舗アプリ」と、店舗内のカメラ映像および入退店ゲート機器の情報をクラウド上で管理・連携させることで、実店舗に店員がいない状況でも、店舗内のカメラや入退店ゲート、各種センサーを制御しています。さらに、設置された機器から取得したデータを AI が解析し、マーケティングに活用できる来店状況の分析や防犯検知といった無人店舗を運営するにあたって必要となるさまざまな問題点、並びに発生した問題に対しての解決策などを検証することを目的に営業中です（2019 年 3 月現在）。

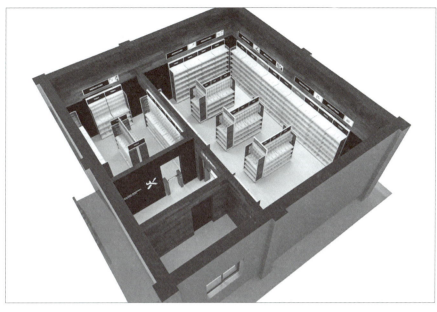

図 6-32 「モノタロウ AI ストア powered by OPTiM」の俯瞰モデル（模型）

　この店舗での買い物手順は、次のようになります。まず、ダウンロードしたスマホアプリ「モノタロウ店舗(iOS ／ Android に対応)」を起動し、QR コードを表示します。それを入店ゲートにかざすとゲートが開き、入店できます。店内で購入したい商品が見つかったら、アプリ内でカメラを起動させて商品のバーコードを読み取ります。アプリ内で購入点数を選択し、実際に商品を受け取ります。その後、アプリ内で決済を行います。現在は EC サイトと同様の決済システムを使うことができ、クレジットカード決済または請求書支払いが可能です。特に、大学職員であれば公費での購入ができる点は大きなメリットでしょう。購入が完了したら、再度 QR コードを表示して退店ゲートにかざし、退店します。

図 6-33 「モノタロウ AI ストア powered by OPTiM」の手順
イラスト提供：株式会社 MonotaRO

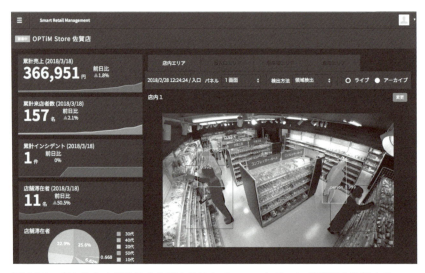

図 6-34 店内のカメラ映像を分析することで、マーケティング情報を分析する
画面は開発中のイメージであり、表示される数値は実際のものではありません

●モノタロウが提供するラストワンマイルの充実

「モノタロウ〜♪」の CM で有名な株式会社 MonotaRO は、現在も超成長を続ける日本最大手の間接資材通販事業者であり、同時に、大量のデータを取り扱うリテールテックカンパニーです。同社の EC サイト「MonotaRO.com」[*18]

は、商品点数 1,700 万点で、当日出荷対象商品 52.4 万点を取り揃えています（2018 年 12 月期決算発表資料より）。

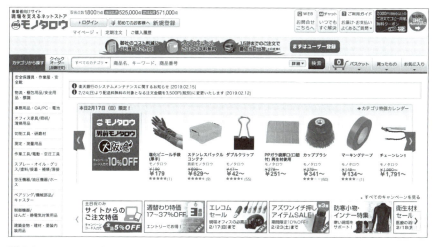

図 6-35　MonotaRO.com

　インターネットでの購入体験は、注文から届くまでの時間の短期化が求められます。これまで MonotaRO.com では、商品ラインナップと在庫を増やすことでリードタイム短縮を実現してきました。しかし、EC サイトでは最短でも翌日の受け取りとなるため、今すぐほしいという顧客に向けては課題が残ります。そこで、オンラインでは解消できない課題のソリューションとして実店舗の展開が 1 つの可能性として考えられていました。しかし、実店舗を構えるとなると、どうしても人件費や労働力の確保が課題になります。その両方を解決するために、無人店舗の開発に至りました。

　モノタロウ AI ストアが実現したのは、お客さま・販売者ともにストレスフリーな新しいお買い物体験の提供です。「今すぐほしい」というユーザーニーズに対して、「現物をチェックした上で購入」「お金を持たずに買い物」という課題が解決されているだけでなく、今後はこういった店舗が増えることで、「時間、場所の制限のない店舗」が当たり前の世の中になっていくことでしょう。

＊18　https://www.monotaro.com/

● たった 5 台のカメラで、ロス率ほぼゼロを実現

　モノタロウ AI ストアの 88㎡の店舗には、5 台の AI カメラが設置されています。1 台は出入口ゲートに設置され、残り 4 台で店内の顧客行動を把握します。無人店舗の運用では万引きなどによる商品ロスのリスクが懸念されますが、すでに半年以上運営されているモノタロウ AI ストアでは、セルフスキャンのミスが 1 件あったのみで、ロス率はほぼゼロの実績でした。大学構内という立地、AI カメラでの監視、ID による入店チェックなどの複数の条件を重ねた点が不正への抑止力となっていたといえるでしょう。

　「スマートフォンアプリ」「EC 連携におけるキャッシュレス決済」「フィジカルなセキュリティを担保するゲートシステム」といった最小限の構成で、ネットとリアルが融合していく未来はそう遠くないのかもしれません。

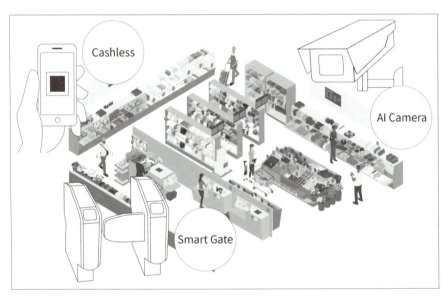

図 6-36　無人店舗の構成要素

COLUMN　マーケティングデータが価値を生む時代へ

　無人店舗に期待が集まる中、同様に店内カメラを活用した、まったく異なるビジネスモデルも登場しています。オプティムは、2019年2月、カメラ画像をAIが解析し、空席率に応じた割引率のクーポンを提供する特許保有をプレスリリースしました。

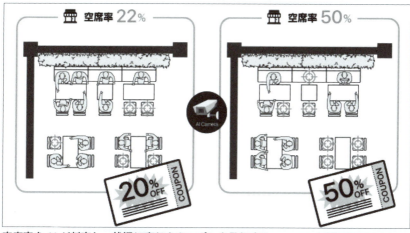

空席率をAIが判定し、状況に応じたクーポンを発行する

　この特許は、店内カメラが撮影している画像をAIによって解析を行って空席を検知し、その結果に基づいてクーポンを発行するという仕組みです。発行するクーポンは、検知した空席の数や割合に応じて割引率が変更されます。店舗の時間ごとの空席数やクーポンを発行したことによって変化する売り上げ額の予想値などをAIを使って提供します。

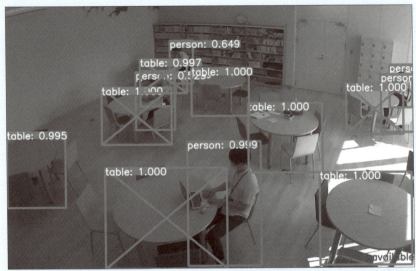

AIを用いて、人だけでなく、テーブルも検出している様子。リアルタイムで全体のうち何席空いているかを把握できる

　AIによる画像解析サービスと本特許を活用した機能を組み合わせることにより、店舗の席の稼働率向上に加えて、稼働率に応じたリアルタイムのプロモーションや、席の稼働状況の分析を実施し、クーポンを発行した際の売り上げ額の予測など、店舗運営にマーケティング戦略を立てる際に、非常に効率的かつ有効的な戦略を行えるようになることでしょう。

あとがき

　プロジェクトや事業が構想される前の段階から、ビジネスが立ち上がり、運用に乗っていくまでの経験を何度か繰り返しているつもりではありました。しかし、AI という技術ワードを軸に、そのナレッジを体系的にまとめたのは今回初めての経験で、非常に難しいことでした。ビジネスデベロップメントサイドから AI を語ろうとすると、どうしても抽象論となってしまい、具体的なチュートリアルに落とし込むことが難しいと感じる瞬間があります。かといって、エンジニアリングサイドに振り切ると、それはそれでマーケットで起こっている出来事や人々の興味・関心ごとへの感触が遠くなりがちです。まさに、そういうことが網羅的に書かれた書籍が存在していないことに気が付き、本書の執筆にチャレンジしたわけですが、自分がこれを書けるだけの知識・経験・モチベーションを持つことができたのは、オプティムの存在があったからだと思います。

　私がオプティムにジョインしたのは 2006 年末のことです。社員数・売上ともに現在の 1/10 にも満たない規模でした。以来、ずっと走り続け、当時とは比較にならないくらいの組織になりました。多くの皆さまのご支援をいただき、今では AI をいち早く各産業領域に実装できる存在として期待いただくことも増えました。新しいことを常に取り入れる反面、まったくといっていいほど変わらない文化がオプティムにはあります。「ネットを空気に変える」というスローガンは、私がジョインしたときには、すでに掲げられていたものです。2007 年当時、社長の菅谷と話したことを覚えています。「これから世界中すべてのデバイスがインターネットに接続されることになる。そうなれば、人口とは比較にならないくらい、世の中のモノはデバイス化され、それは圧倒数になるだろう。だから、その時代に向けて、どんなデバイスであっても自在に操れるようなエージェントプログラムを、お前が設計してくれ」と。まだ「IoT」という言葉が世の中で一般的に語られる前の話です。そして、「Microsoft が Windows を作ったように、Apple が Mac OS を作ったように、オレ達もいずれ OS を作ってみたくはないか？　でも、Microsoft や Apple と同じフィールドでは勝算はないだろう。だから、そいつらを統合的に管理する、世界中のすべてのデバイスが有機的なつながるような、たとえると OS の OS みたいなやつを一緒に作っていきたいよな！」といった菅谷の言葉は、エンジニアである私の心に火をつけるには十分だったのだと思います。

　我々が 2016 年に発表した「OPTiM Cloud IoT OS」は、今では各産業領域のプラットフォームとして大きく期待をいただいています。この「プラットフォーム」とい

う表現は、概念用語ではありません。エンタープライズユーザー・コンシューマーユーザー・アプリベンダーが入り交じって複雑なトポロジーを形成する経済圏を管理・制御するためのアプリ群・機能群を意味しています。その上で、ディープラーニングを始めとした各種AIの学習済みモデルがデプロイされ、デバイスを超えて協調動作していく世界がすぐそこに来ていると思うと、ワクワクせずにはいられません。実は、これは、私が学生時代にActiveBasicを開発していた動機と似ています。当時15歳の私が初めてC言語で「Hello World」を実行したとき、「世界中のすべてのソフトウェアを自分の手で開発したい。自分に、それができるのは間違いない」と大いなる錯覚をしたことを今でも覚えています。学生時代は時間があるとはいえ、全力を投入してあらゆるジャンルのソフトウェアを開発したとしても、たかが知れています。コツコツと開発しては、Vectorに公開していました。せいぜい2、3カ月に1本ずつというスピード感です。「それだったら、プログラミング言語を作って広めたら、世界中のソフトウェア開発に自分が間接的に関わったことになるのではないか」と考えたのが、ActiveBasicという言語を作った理由です。今思えば、オプティムがポジショニングしているプラットフォーム戦略を学生時代から心の中に持っていたようにも感じます。このように学生時代に感じた純粋な気持ちとオプティムが進むべき道が、今も同じ方向を向き続けているからこそ、新しい技術を楽しみの対象として挑戦する姿勢を持つことができているのだと思います。

　本書を出版するにあたり、多くの方々に助けをいただきました。

　まず最初に、日本マイクロソフトの廣野さん、NVIDIAの齋藤さん、コマツの四家さん、佐賀大学の末岡さん、モノタロウの鈴木さんが、本書を応援してくださったことは、大変うれしい出来事でした。本当にありがとうございます。また、建設事例についてアドバイスをいただいたランドログの井川さん（＆チーム浜松町の皆さま！）、「コラム：IoTの未来はエッジコンピューティングにあり!?」の情報を提供いただいたIDC Japanの鳥巣さん、ありがとうございました。このほか、個々に会社名・個人名を挙げることができないのは残念ですが、ビジネスの現場で深く関わらせていただいている皆さま、オプティムと一緒になって新しい製品・サービスを世に送り出そうとしてくれている、または導入しようと取り組んでくれているパートナーの皆さまに、心から感謝いたします。

　2004年刊行の『ActiveBasicオフィシャルユーザーズガイド』に引き続き、かなり長い時間が経過してしまった今回も、本書のきっかけをくださったマイナビ出版の西田さん、ありがとうございました。2018年6月に話をいただいてから、私の至らない文章を出版可能なレベルに引き上げてくださったのは、ほかでもなく西田さんのおかげです。

そして、本書の監修として、オプティムの多くの仲間に協力してもらいました。オプティムの技術を引っ張ってくれているエグゼクティブエンジニアの奥村さん、そしてR＆Dチームの皆さん(特に締切り直前の深夜帯にレビューにつきあってくれた徳田さん)、ありがとうございました。もう1人のエグゼクティブエンジニアの中野さん、技術的な観点からの指摘はとても助かりました。農業事例で知見をくれた休坂さん、医療事例で知見をくれた吉村さん、法務観点で知見をくれた梶田さん、IR観点で念入りなチェックをしてくれた村上さん、テクノロジー戦略室の立場から相談に乗ってくださった川瀬さん、私のカッコいい絵を書いてくれた清水さん、入稿直前、休日にもかかわらず確認作業にあたってくれた、整治さん、額賀さん、倉橋さん、辻村さん、農業チームの中坂さん、福島さん、ありがとうございました。そして、オプティムの体制が拡大する中、チームビルドがもっとも必要とされる時期にもかかわらず、私の執筆活動を応援してくださった谷口さん、そのほか、個別には名前を挙げ切れない数多くのチャレンジをともにしつつも、縁の下で事業を支えてくれているオプティムの皆さんに感謝いたします。そして何より、事業家・経営者としての後ろ姿を見せてくれている菅谷社長、本書が世にでることをともに喜んでくださり、本当にありがとうございます。本書では、日本が抱える課題と、その解決策に使える1つの技術として、AIが有用であることは語り尽くしてきたように思いますが、まだまだここでは書ききれないオポチュニティが眠っているのは間違いありません。

　これから未来、本書を手にとった皆さまの取り組みが、1つでも多く世界を突き動かすことに期待します。最後に、株式会社オプティムの経営理念を掲載し、本書の締めくくりとさせてください。本書をお読みいただき、ありがとうございました。

世界の人々に大きくよい影響を与える普遍的なテクノロジー・サービス・ビジネスモデルを創り出すことを目的として事業に取り組む。
また、存続を目的とせず、たえず身の丈に合わない大きな志を持ち、楽しみながら挑戦する。
社内外を問わず、あらゆる属性を意識せず、互いが互いの立場を思いやり人間力の向上をおこなう。

2019年3月
山本　大祐

著者プロフィール

山本 大祐(やまもと だいすけ)

1983年生まれ。静岡県静岡市出身。15歳からプログラミングを本格的にスタートし、統合開発環境「ActiveBasic」を開発する。東海大学開発工学部在学中の2005年度に、IPA未踏ユーススーパークリエータに認定される。2006年末に株式会社オプティムにジョイン。オプティムでは、東証マザーズ、東証一部の2度にわたる上場を経験し、2016年にAI・IoTプラットフォーム「OPTiM Cloud IoT OS」を発表後、現在はAI・IoT新規事業立上げを担う。

監修者プロフィール

株式会社オプティム

現代表取締役社長の菅谷俊二らが、佐賀大学在学中の2000年に創業したベンチャー企業。2015年、東証一部に上場し、現在はAI・IoT・Robotの技術を中心に「世界一、AIを実用化する企業になる」というビジョンを掲げ、「○○×IT」という基本戦略のもと、農業・医療・建設などの各分野において新たなビジネスモデルの構築に取り組む。

索引

●数字
3D Robotics ……………………… 159
5G ………………………… 134, 155～157, 171

●A～C
A.R.Drone ……………………… 159
A/Bテスト ……………………… 65
ACL（Access Control List） …… 208
AIハードウェアアクセラレータ …… 149, 151,
　　　　　　　　165～167, 172, 175, 179, 183
Alexa …………………………… 142
AlphaGo ……………… 6, 18, 19, 22, 23, 29
AlphaGo Zero ………………… 18, 19, 22, 63
AlphaZero …………………………… 19, 63
Amazon ………… 135, 136, 138, 140, 142, 188
Amazon Go ……………………… 226, 227
Anaconda ………………………… 106, 107
Annotation ……………………………… 5
Apple ……………………………… 142, 188
ARMプロセッサ ……………………… 153
ASIC ………………………………… 151～153
AutoEncoder …………………………… 44
AWS ………………………… 127, 136, 140, 181
B2B ……………………………………… 11
Backlog ……………………………… 178
Bigdata-Defined ……………………… 63
bootstrap …………………………… 128
C/C++ ………………………………… 37
Caffe ……………………… 75, 126～129, 139
CDツール ……………………………… 178
Chainer ……………… 75, 126, 127, 129, 139
Chef …………………………………… 178
CIFAR ……………………………… 126, 134
Circle CI ……………………………… 178
CIツール …………………………… 178, 179
CNCF …………………………………… 184
CNN ……………………………………… 43, 44
CNTK ……………………………… 126, 127, 139
COCO …………… 90～94, 95, 98～102, 106,
　　　　　　　　114～118, 125, 126, 133, 134
Cognitive Services …………………… 142
Conda ……………………………… 106～108
Convolutional Neural Network …… 43, 90
CT ……………………… 134, 154, 215, 216
CUDA ……………………………………… 150
C言語 ……………………………………… 31

●D～G
Darknet ………………………… 126, 127
DataDog ………………………………… 178
Deep Learning Monitor ………… 132, 133
DeepMind ………………………………… 18
Define and Run ………………… 129, 130
Define by Run ………………… 129, 130
Device Management ………………… 209
DevOps ………… 175～177, 179, 180, 182
Discriminator ………………………… 45, 46
DJI …………………………… 159 ,162, 171
DL4J ……………………………… 126, 127
DNA ……………………………………… 77
DNN ……………………………………… 75
Docker ……………………… 178, 184, 185
DQN ……………………………………… 30
DSSD ……………………………… 126, 131
Edge TPU ……………………… 151～153
Facebook ……… 7, 8, 91, 127, 129, 134,
　　　　　　　　　　138, 140, 142, 188
Fast R-CNN …………………… 126, 131
fastai …………………………… 126, 127
FCIS ……………………………………… 54
FPGA ……………………………… 152, 153
FPV ……………………………………… 171
GAN ……………………………… 5, 45, 46
GDPR ……………………………… 76, 175
Generative Adversarial Network …… 5, 45
Generator ……………………………… 5, 45
Git ……………………… 108, 110, 111, 113, 177
GitBucket ……………………………… 177
GitHub …… 95～98, 114, 128, 129, 140, 177
GitHubスター ………………………… 126
GitLab ………………………………… 177
GitLab CI ……………………………… 178
Gluon ……………………………… 126, 127, 138
GNSS …………………………… 203, 204
Google ……… 6, 18, 24, 44, 45, 47, 91, 127,
　　　　　　　　134～136, 138, 140, 142,
　　　　　　　　151, 176, 179～181, 188
Google Colaboratory ‥ 24, 36, 87, 94, 95, 144
GPL ……………………………………… 75, 138
GPS ……………………………… 159, 166, 204
G検定 …………………………………… 13

●H〜K

Haar-Like特徴量	38
HOG特徴量	38
IaaS	156, 181
IBM	135, 137, 142
ICCV	91
i-Construction	207
ICT建機	154, 203〜207, 212
if文	31〜35
Image Classification	131
Instance Segmentation	132
Intel Core i9	150
IoT プラットフォーム	208
IP Webcam	122〜124
IPA	2, 3, 76
Java	37, 127
Java仮想マシン	181
Jenkins	178
Jetson	150, 151, 153
JIRA	178
Jupyter Notebook	24, 94, 105, 106, 113〜115, 122
Just Walk Out	226
Keras	91, 97, 105〜108, 125〜127, 138〜140
KITTI	126, 134
KPI	11〜13, 58, 59
Kubernetes	178, 184, 185

●L〜N

LANDLOG	207〜209, 211〜214
LBP	38
Linux	52, 153
Linux Foundation	184
LOC法	81
Long short-term memory	44
LSTM	44
Mac	105, 107
macOS	52, 153
Mask R-CNN	90, 91, 93〜97, 100, 101, 104, 106, 114〜116, 125, 126, 130, 131
MEC	155, 156
Messaging	209
Microsoft	64, 91, 127, 134, 135, 138〜140, 142
Miniconda	105〜107
MITライセンス	91
Movidius	151
MRI	4, 57, 154, 216
MSVC	108, 116
MXNet	54, 126, 127, 138
NDVI	164

●O〜R

OAuth	209
Object Detection	131
OEM	67
ONNX	139, 140
Open Images Dataset	134
OpenCV	37, 38, 117
OpenID	209
OpenStack	181
OPTiM AI Camera	88〜90, 148, 149
OPTiM Cloud IoT OS	210
OSS	62, 76
PaaS	145, 181, 208
Parrot	159, 171
PASCAL VOC	134
PDCA	60
PoC貧乏	2, 10
Pose Estimation	132
Preferred Networks	127, 129, 139
PubSub	209
Python	36, 37, 91, 94, 95, 97, 99, 100, 105, 106, 114〜117, 122, 127
PyTorch	126, 127, 129, 139
Q-Learning	30
QOV	218
QRコード	229
Qualcomm SnapDragon	150
Raspberry Pi	153
R-CNN	126, 131
React	128
Recurrent Neural Network	43
Redmine	178
RNN	43, 44

●S〜U

SaaS	75, 141, 143, 144, 178, 211
SARSA	30
SDK	138, 142〜144
self-taught learning	44
Semantic Segmentation	132
SIP	215
Siri	142
Slack	179
Software-Defined	63
SPPnet	126, 131
SRE	13, 175, 176, 179〜181
SSD	126, 131
SSH	81, 183
SSL	82
Teams	179
TensorFlow	75, 91, 97, 105, 106, 107, 126〜129, 138, 140

TensorFlow Lite	151
TensorFlow Playground	47, 48, 52
theano	126, 127
torch7	127
UAV	158, 160

● V〜Z

Visual Studio	108 〜 110
VMWare	181, 182
VPN	82
Vue.js	128
WebAPI	75, 135, 141 〜 144
Webスクレイピング	24
WHO	189
Wi-Fi	121, 157, 166, 171
Wiki	178
Windows	52, 63, 67, 105, 107, 108, 110, 111, 113, 116, 153
x86プロセッサ	153
YOLO	126, 131
Zabbix	178

● あ行

アジャイル開発	63
アソシエーション分析	28, 29
アノテーション	5, 24, 59, 60, 61, 65, 79, 80, 84, 90, 134, 213
アルゴリズム	2, 5, 18, 22, 28, 30, 36, 39, 43, 62
イースターエッグ	213
囲碁	6, 18, 22
一般データ保護規則	76
一般不正行為	72
一般物体検出	90, 94, 130, 133, 134
イニシャル	82, 85
委任契約	66 〜 70
インダストリー 4.0	188
インベントリ（資産情報）	209
ウェイポイント飛行	161, 166
ウォーターフォール	63
請負契約	66, 68 〜 70
運用設計	174, 175
営業秘密	71, 72
営業部門	4
映像分析	4
エージェント	29, 30, 209
エコシステム	208
エスカレーション	173
エッジコンピュータ	60, 75, 81, 83, 84, 88, 138, 156, 174, 175
エッジコンピューティング	138, 154 〜 156, 166, 197
演繹的	65
エンコード	44
オーケストレーション	178, 183, 184
オートパイロット	142
オープンソース	37, 80, 90, 91, 125, 138, 140, 141, 142, 150, 159
オープンソースソフトウェア	62, 75, 126, 138, 144, 184
オープンソースライセンス	75, 76
オペレーション設計	174
オルソ画像	200
オンサイト	68, 81, 83, 84, 174, 175
音声認識	18, 44, 78, 137, 215
オンプレミス	75, 141, 143, 144, 145, 149
オンライン診療	221, 222

● か行

回帰	27
回帰分析	27, 28, 68
害虫	192 〜 194
開発プロセス	53, 58, 59, 63, 64, 69, 79, 87, 93, 94, 175
該非判定	175
顔画像	38, 57, 77, 78
カオスマップ	184
課金モデル	141, 142
学習データ	3 〜 5, 36, 39, 45, 55, 78, 220
学習用データセット	59, 61 〜 63, 71, 72, 74, 78 〜 80, 84, 87, 90, 125, 126, 135, 142
学習済みパラメータ	62, 74
学習用プログラム	59, 61, 63, 70 〜 72, 75, 79, 80, 84
学習済みモデル	23, 51, 55, 58 〜 63, 65, 69 〜 74, 76, 78, 81 〜 84, 87, 88, 90, 91, 95, 100, 101, 106, 116, 124 〜 126, 134, 135, 137 〜 139, 142, 148, 151, 156, 175, 179, 183, 185, 211, 213
隠れ層	40, 41, 51
瑕疵担保	66
カスケード分類	37
仮説検証	24, 58, 59, 79 〜 81, 144
画像診断	215, 217, 222
画像認識	57, 131, 132, 136
課題先進国	10, 190, 191
稼働率	171 〜 173, 175, 212, 234
カプセル化	182, 183
可用性	172, 173, 180
眼底画像	217 〜 220
眼底写真	4, 57, 220
官邸ドローン事件	167
ガントチャート	178
基幹システム	80, 81

技術投資	4
偽装者	45, 46
キッティング	174
技適	171
帰納的	63, 65
キャッシュレス	228, 232
キャパシティプランニング	180
キャプショニング	92, 134
強化学習	18, 19, 26, 29, 30
共起性	29
教師あり学習	26, 27, 29, 37, 61
教師なし学習	26, 28
協調フィルタリング	29
空間分解能	165
空席率	233
クーポン	233, 234
クラウドレコーダー	148
クラスター分析	28, 29
グラフ構築	129
クレンジング	5, 59, 60, 80, 84, 90
クローン	96
経営企画	3
経営者	3, 13, 14, 226
経営判断	79
計画外停止時間	173
経済産業省	61, 69, 71, 79, 226
警察	46, 170
計算グラフ	129
継続コスト	79
継続的インテグレーション	178, 179
継続的デプロイメント	178
継続的デリバリー	178, 181, 183
ゲームエンジン	213
欠測値	61
建設機械	154, 157, 203, 206, 207, 212
減農薬	192, 198
コアテクノロジー	12
航空法	167, 168, 170
虹彩	77
購買予測	4
小型無人機等飛行禁止法	170
顧客満足度	77
国土地理協会	54
誤差逆伝播法	43
個人識別符号	77
個人情報保護法	76, 78
個体領域抽出	132
固定翼	159 〜 161, 163, 166, 200
コラボレーションツール	179
コンテナ	178, 181 〜 185
コンテナポータビリティ	181, 183, 185

● さ行

サービスレベル	82, 172, 174
再帰型ニューラルネットワーク	43
最小二乗法	27
在宅医療	222 〜 225
サイト・リライアビリティ・エンジニアリング	179
佐賀大学	195, 217, 218
サブスクリプション	67, 68, 142, 143
サブライセンス	68
サプライチェーン	225
残留農薬	193, 195
ジェネラリスト	10 〜 14
視覚の質	218
死活監視	82, 175, 178
閾値	42, 43
識別器	45
自己学習	18
自己教示学習	44
実験的アプローチ	65
自動記録	215
自動飛行	161, 192, 193
自動ブレーキ	18
自動翻訳	7
指紋	77
ジャイロセンサー	159
重回帰	27
従量課金	67, 142, 143, 145, 209
準委任契約	66 〜 70
将棋	19
蒸気機関	12, 188
使用許諾契約	67
条件式	31, 33
条件分岐命令	31
少子高齢化	10, 190, 201, 225
冗長化	82, 173, 174
衝突被害軽減ブレーキ	18
情報通信業	9
静脈	77
掌紋	77
初期投資	79, 146, 148
初期費	143, 148, 197, 198
新規事業開発	144
シングルローター	159 〜 162
人口減少	190
人工ニューロン	41
深層学習	5, 12, 13, 17, 18, 19, 21, 25, 30, 39, 137
深層強化学習	30
診療報酬	221, 222
垂直統合	12, 14, 173, 188
推論インスタンス	81, 83, 84, 145 〜 149

推論プログラム ‥‥‥‥‥ 60, 62, 72, 74, 75, 78,
　　　80 〜 82, 84, 87, 90, 104, 105, 122, 123, 125,
　　　137, 141, 144, 149, 155, 156, 166, 179, 185
スケール ‥‥‥‥‥‥‥‥‥‥‥‥‥‥‥‥ 181
スケールアウト ‥‥‥‥‥‥‥‥‥‥‥‥ 175
ステップ実行 ‥‥‥‥‥‥‥‥‥‥‥‥‥ 65
スマートコンストラクション ‥‥ 204, 206 〜 208
スマート農業 ‥‥‥‥‥‥‥ 10, 193, 196 〜 199
生育調査 ‥‥‥‥‥‥‥‥‥‥‥‥‥ 165, 166
正解データ ‥‥‥‥‥‥‥‥‥‥‥‥‥ 36, 61
生成器 ‥‥‥‥‥‥‥‥‥‥‥‥‥‥‥‥ 45
静的フレームワーク ‥‥‥‥‥‥‥‥‥ 129
精度検証結果報告書 ‥‥‥‥‥‥ 69, 80, 81
声紋 ‥‥‥‥‥‥‥‥‥‥‥‥‥‥‥‥‥ 77
セキュリティパッチ ‥‥‥‥‥‥‥‥ 82, 83
セグメンテーション ‥‥‥ 54, 90 〜 92, 94, 134
全面散布 ‥‥‥‥‥‥‥‥‥‥‥‥‥‥ 192
戦略的イノベーション創造プログラム
　‥‥‥‥‥‥‥‥‥‥‥‥‥‥‥‥ 214, 215
ソースコード ‥‥‥ 52, 62, 63, 65, 68, 75, 81, 87,
　　　94 〜 100, 106, 114, 117, 124, 143, 176 〜 178
ソフトウェアライセンス契約 ‥‥‥ 67 〜 69

●た行
第1次産業革命 ‥‥‥‥‥‥‥‥‥‥ 12, 188
第2次産業革命 ‥‥‥‥‥‥‥‥‥‥ 12, 188
第3次産業革命 ‥‥‥‥‥‥‥‥‥‥ 12, 188
第4次産業革命 ‥‥‥‥‥‥‥ 12, 187, 188, 199
ダイバーシティ ‥‥‥‥‥‥‥‥‥‥‥‥ 7
大量消費 ‥‥‥‥‥‥‥‥‥‥‥‥‥ 188, 225
大量生産 ‥‥‥‥‥‥‥‥‥ 12, 151, 188, 225
大量輸送 ‥‥‥‥‥‥‥‥‥‥‥‥‥ 188, 225
多項式回帰 ‥‥‥‥‥‥‥‥‥‥‥‥‥ 27
畳み込み層 ‥‥‥‥‥‥‥‥‥‥‥‥‥ 43
畳み込みニューラルネットワーク ‥‥ 43, 90
単回帰 ‥‥‥‥‥‥‥‥‥‥‥‥‥‥‥‥ 27
地域調査 ‥‥‥‥‥‥‥‥‥‥‥‥‥ 165, 166
チェス ‥‥‥‥‥‥‥‥‥‥‥‥‥‥ 19, 188
チケット管理 ‥‥‥‥‥‥‥‥‥‥‥ 178, 179
知的財産権 ‥‥‥‥‥ 53, 59, 66 〜 68, 70 〜 72,
　　　　　　　　　　　　　　74, 79, 83, 84
中間層 ‥‥‥‥‥‥‥‥‥ 40, 41, 43, 44, 48, 49, 51
長期短期記憶 ‥‥‥‥‥‥‥‥‥‥‥‥ 44
著作権 ‥‥‥‥‥‥‥‥‥‥‥‥‥‥ 71 〜 73
著作権法 ‥‥‥‥‥‥‥‥‥‥‥‥‥‥ 72
沈黙の春 ‥‥‥‥‥‥‥‥‥‥‥‥‥‥ 199
強いAI ‥‥‥‥‥‥‥‥‥‥‥‥‥‥ 22, 23
ディープニューラルネットワーク ‥‥ 17, 39
データオーギュメンテーション ‥‥‥‥ 61
データ拡張 ‥‥‥‥‥‥‥‥‥‥‥‥‥ 61
データスキーマ ‥‥‥‥‥‥‥‥‥‥‥ 65

データセット ‥‥‥‥ 23, 48, 49, 55, 59, 61 〜 63,
　　　71, 72, 74, 78 〜 80, 84, 87, 90 〜 95, 100,
　　　106, 116, 125, 126, 133 〜 135, 142, 213, 214
データマイニング ‥‥‥‥‥‥‥‥‥‥ 28
敵対的生成ネットワーク ‥‥‥‥‥‥ 5, 45
デコード ‥‥‥‥‥‥‥‥‥‥‥‥‥‥ 44
デジタルトランスフォーメーション ‥ 12, 208
デバイス管理 ‥‥‥‥‥‥‥‥‥‥‥ 82, 146
デバイス識別トークン ‥‥‥‥‥‥‥ 175
デバッガ ‥‥‥‥‥‥‥‥‥‥‥‥‥‥ 65
デュアルライセンス ‥‥‥‥‥‥‥‥‥ 75
電波法 ‥‥‥‥‥‥‥‥‥‥‥‥‥‥ 170
トイレ ‥‥‥‥‥‥‥‥‥‥‥‥‥‥ 180
統計データ ‥‥‥‥‥‥‥‥‥‥‥‥‥ 78
動作保証 ‥‥‥‥‥‥‥‥‥‥ 64, 69, 70, 182
投資回収 ‥‥‥‥‥‥‥‥‥‥‥‥‥ 70, 79
投資資産 ‥‥‥‥‥‥‥‥‥‥‥‥‥‥ 14
動的フレームワーク ‥‥‥‥‥‥‥‥ 129
道路交通法 ‥‥‥‥‥‥‥‥‥‥‥‥ 170
ドーパミン ‥‥‥‥‥‥‥‥‥‥‥‥‥ 29
ドキュメント管理 ‥‥‥‥‥‥‥‥‥ 178
ドキュメント空間 ‥‥‥‥‥‥‥‥‥‥ 95
特徴量 ‥‥‥ 21, 24, 37 〜 40, 43, 47, 51, 78, 131
特定用途向け集積回路 ‥‥‥‥‥‥‥ 151
特化型AI ‥‥‥‥‥‥‥‥‥‥‥‥‥ 6, 22
特許権 ‥‥‥‥‥‥‥‥‥‥‥‥‥‥ 71, 72
特許法 ‥‥‥‥‥‥‥‥‥‥‥‥‥‥‥ 72
ドップラーセンサー ‥‥‥‥‥‥‥‥ 225
トライアンドエラー ‥‥‥‥‥‥‥‥‥ 69

●な行
内視鏡画像 ‥‥‥‥‥‥‥‥‥‥‥‥ 215
生データ ‥‥‥‥‥ 23, 59, 61, 70, 71, 72, 74, 78,
　　　　　　　　　　　　　80, 82, 84, 90
二値分類 ‥‥‥‥‥‥‥‥‥‥‥‥‥‥ 27
日本ディープラーニング協会 ‥‥‥‥ 13
ニューラルネットワーク ‥‥ 5, 17, 26, 39 〜 41,
　　　　　　　　43 〜 45, 47, 49, 68, 90, 91, 130
ニューロン ‥‥‥‥‥‥‥‥‥‥‥‥ 41, 51
ネットワークビデオレコーダー ‥‥‥ 148
ネットワークモデル ‥‥‥ 43, 44, 54, 59, 68, 80,
　　　87, 125, 126, 130, 131, 133, 135, 142, 149, 150
脳科学 ‥‥‥‥‥‥‥‥‥‥‥‥‥‥‥‥ 5
脳血管障害 ‥‥‥‥‥‥‥‥‥‥‥‥ 218
農地調査 ‥‥‥‥‥‥‥‥‥‥‥‥‥ 165, 166
農薬散布 ‥‥‥‥‥‥‥‥‥ 158, 165, 191 〜 199
農薬散布機 ‥‥‥‥‥‥‥‥‥‥‥‥ 158

●は行
バージョン管理システム ‥‥‥‥‥‥ 177
パーセプトロン ‥‥‥‥‥‥‥‥‥ 41 〜 43
バイタルセンサー ‥‥‥‥‥‥‥‥‥ 225

ハイパーパラメータ	62, 70
ハイブリッド	146, 148, 156
外れ値	61
バックプロパゲーション	43
パラダイムシフト	63, 188
反復型	59, 82
汎用型AI	6, 7, 22
ビジネスデベロップメント	144
ビデオエンコーダー	148
秘密保持契約	69
病害虫	165, 193, 194
病理画像	215
品質保証	64, 69, 177
ファンクションポイント法	81
フィールド実証	58, 59, 80, 82, 93, 94, 104
プーリング層	43
フェイクニュース	7, 8
付加データ	61
不正競争防止法	72
プッシュ型	183
物体検出	57, 90, 91, 92, 131, 134
物体検知	6
物体領域抽出	132
プライバシー	7, 167, 225
ブラックボックス問題	5〜7
プランニング	58, 59, 69, 94, 180
不良品検知	6
フルオンプレミス	146〜148, 156
プル型	183
フルクラウド	145, 148, 149, 156
プロジェクト管理システム	178
プロトタイプ	64
プロビジョニング	180
プロフィットシェア	73, 74
分散協調型	154, 155
平均寿命	189, 190
ペイロード	161, 162
報酬	29
ポータビリティ性	146
保守契約	68〜70, 175

●ま行

マイナンバー	77
前処理	24, 61, 70, 72
マシンガイダンス	203, 204
マシンコントロール	203, 204, 207
マルチコプター	158〜163
マルチスケール	131
マルチスペクトルカメラ	164
マルチライセンス	75
見える化	178, 206, 212
ミッションクリティカル	173, 174

見積り	53, 79〜85, 206
未来投資会議	221
民法	66, 67, 170
無人駅	54
無人航空機	158, 159, 167〜170, 192
無人店舗	227, 228, 231〜233
メガクラウドベンダー	138, 140, 142
メトリクス	178, 209
モニタリングツール	178
モバイルエッジコンピューティング	155, 156
モンテカルロ法	30

●や行・ら行

ユーザビリティ	144
要件定義	58, 63, 64
弱いAI	22, 23
ライセンスフィー	73, 74
ライフサイクルマネジメント	59, 61, 76
ラストワンマイル	230
ラッピング	137, 144
ラベリング	65
ラベル情報	61
ランニング	82〜84
リアルタイム推論	93, 94, 104, 105, 121, 124, 125, 166
リードタイム	179, 231
リソース監視	175
リバースエンジニアリング	73, 74
リポジトリ	38, 52, 91, 97〜101, 128, 178
料金回収モデル	144
倫理	7
レイチェル・カーソン	199
レイテンシ	148
レコメンドエンジン	29
レベニューシェア	142, 198
ロジスティック回帰	36
ロス率	232

STAFF
- DTP： 本薗 直美（株式会社アクティブ）
- 装丁： 井口文秀（intellection japon）
- 編集担当： 西田 雅典（株式会社マイナビ出版）

課題解決とサービス実装のための
AIプロジェクト実践読本
第4次産業革命時代のビジネスと開発の進め方

2019年3月31日 初版第1刷発行

著者　　山本 大祐
監修者　株式会社オプティム
発行者　滝口 直樹
発行所　株式会社マイナビ出版
　　　　〒101-0003　東京都千代田区一ツ橋2-6-3 一ツ橋ビル 2F
　　　　　　　　TEL：0480-38-6872（注文専用ダイヤル）
　　　　　　　　TEL：03-3556-2731（販売）
　　　　　　　　TEL：03-3556-2736（編集）
　　　　　　　　E-Mail：pc-books@mynavi.jp
　　　　　　　　URL：http://book.mynavi.jp
印刷・製本　株式会社ルナテック

©2019 YAMAMOTO, Daisuke, Printed in Japan
ISBN978-4-8399-6804-5
- 定価はカバーに記載してあります。
- 乱丁・落丁についてのお問い合わせは、TEL：0480-38-6872（注文専用ダイヤル）、電子メール：sas@mynavi.jpまでお願いいたします。
- 本書は著作権法上の保護を受けています。本書の一部あるいは全部について、著者、発行者の許諾を得ずに、無断で複写、複製することは禁じられています。